게임하는 뇌

'게임 인류'의 뇌과학 이야기

게임하는 뇌

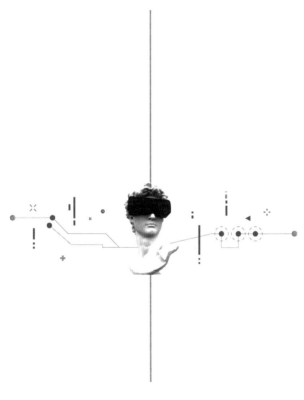

이경민 외 지음

몽스북
mons

목차

✝

학자는 질문을 하는 사람이다. 기존의 통념과 상식에 질문을 던져야 한다. 『게임하는 뇌』는 장삼이사가 공유하는 막연한 통념에 학자의 메스를 들이댄다. 게임을 하면 바보나 사이코, 우울증 환자가 된다는 통념과 공포. 이경민 교수와 서울대 인지과학연구소 연구원팀은 다양한 실험과 연구 결과를 동원해 이 괴담을 수정한다. 게임은 인지 기능 향상에 도움이 된다, 치매 예방에 도움이 된다, 사회 정서적 건강 개선에 기여한다고. 뇌과학 연구자다운 전문성과 논리력을 유감없이 발휘하지만, 난해한 용어로 머리를 복잡하게 만들지는 않는다. 오히려 너무 간단명료하고 흥미로운 글이라 가볍게 읽힐까 걱정이다. 게임에 대해 막연한 공포를 가지고 있는 학부모와 선생님들 그리고 게임을 즐기면서도 거북한 죄책감을 느끼던 중·노년 게이머들에게 이 책을 권한다.

윤태진, 연세대학교 커뮤니케이션대학원 원장

게임은 이제 현대인의 생활 속에 깊숙이 자리 잡고 있다. 과거의 활자, TV 그리고 인터넷이 그랬던 것처럼 게임은 거부하고 피해야 할 대상이 아니라 이해하고 받아들여야 하며 함께 잘 지내야 하는 동반자가 됐다. 그런데 이러한 게임을 정확하게 바라볼 수 있게끔 도와주는 길잡이는 그리 많지 않다. 이제 그 걱정을 크게 덜 수 있게 됐다. 최소한 국내에서는 가장 정확하게 게임의 영향력을 균형 잡힌 시각으로 설명해 주는 지침서가 나왔기 때문이다. 『게임하는 뇌』는 그 역할을 지금까지 그 어떤 책보다도 훌륭하게 해낼 것이다. 저자가 지니고 있는 게임에 대한 깊은 이해와 통찰에 읽는 내내 감탄을 계속했다. 게임에 관한 고민이나 궁금증 대부분이 이 책을 통해서 풀릴 것으로 확신한다.

김경일, 인지심리학자

미국 스탠퍼드 대학의 제럴드 크랩트리 교수는 2012년 11월 『Trends in Genetics』에 발표한 논문에서 매우 도발적인 의견을 내놓았다. 발전된 도시 문명 속에서 살고 있는 현재 인류가 수렵과 채집으로 살아가던 기원전 인류보다 지능이 낮다는 주장이었다. 과거 인류는 생존하기 위해 늘 머리를 써서 새로운 아이디어를 내고 변화하는 혹독한 환경에 대처해야 했으나, 현재는 생존에 위험을 느낄 정도로 머리를 쓸 상황이 오히려 적어졌음을 이유로 들었다. 이 논문에 관한 반론과 비판이 적잖았으나, 나는 크랩트리 교수의 주장이 매우 흥미로웠다. 정제된 지식을 반복 학습하는 과정, 극단적인 예로 유사한 미적분 문제 300개를 푸는 것과 넓은 세상을 탐험하며 소통하는 활동 중에서 무엇이 우리의 뇌를 진정으로 깨어 있게 할까? 무엇이 인지 기능 향상과 치매 예방에 더 도움이 될까? 나는 후자라 생각한다. 물론 많은 미적분 문제를 풀어내어야 컴퓨터와 로봇을 설계하는 엔지니어가 되겠지만, 더 넓고 깊게 뇌를 자극하는 방법은 탐험과 소통에 있다, 우리에게 게임은 탐험과 소통의 매개체이다. 게임이 가진 어떤 힘이 우리 뇌를 다시 원시 인류의 뇌처럼 끝없는 탐험과 소통에 몰아넣는지, 그래서 우리 뇌가 어떻게 반응하는지, 그 해답이 이 책에 담겨 있다. 게임하는 뇌의 세상을 탐험하며 함께 소통하길 바란다.

김상균, 『메타버스』, 『게임 인류』 저자

게임을 하는 동안 우리의 뇌는

새로운 게임 이용자 집단으로 '그레이 게이머'가 주목받고 있다. 노년층 게이머를 가리키는 말로, 주로 전자오락실이 보편화하기 시작한 1980년대에 20대를 보낸 1960년대생을 가리킨다. 전자오락실이라는 공간에서 게임을 경험한 세대가 60대에 진입했다는 표현이 더 정확할 것이다. 그레이 게이머는 해마다 늘어날 것이다. 어른들이 모여 고스톱을 치는 명절 풍경이 온 가족이 모여 게임하는 풍경으로 바뀔 날도 머지않아 보인다.

　게임은 이미 우리 삶의 일상으로 자리 잡은 지 오래다. PC, 스마트폰과 같은 개인용 디지털 기기의 보급 및 소프트웨어 기술의 발전, 가상을 생생한 현실로 만들어주는 VR, AR 기술 등이 급격하게 발달하면서, 게임은 단순한 여가 활동에서 교육과 치료 영역으로까지 확대되어

응용되는 등 커다란 잠재력을 지닌 콘텐츠로 거듭나고 있다. 그러나 게임이 인간에게 미치는 영향에 대한 객관적인 논의 및 인식은 게임 산업의 발전 속도를 따라잡지 못하고 있다.

게임에 대한 우리 사회의 시선은 줄곧 게임 중독, 폭력성 증가, 사회성 결여 등의 부정적인 키워드에 집중되어 있다. 게임을 너무 많이 하는 것은 중독, 즉 질병이라는 주장을 우리는 별다른 의심 없이 옳은 명제로 받아들이고 있다. 이처럼 병리적인 맥락에서 주로 다뤄져온 게임을 과연 병을 진단하거나 치료하는 도구로 이용하는 것이 가능할까?

최근의 추세는 이러한 질문에 긍정적으로 답하고 있다. 스트레스 및 우울증 증상 감소와 관련된 정서 기능에서 치료 효과를 발휘하는 것은 물론이고, 인지 장애마저 비디오 게임을 이용해서 치료하는 이른바 '힙한' 치료 기법이 점점 많이 개발되고 있다. 이러한 신생 분야는 '비디오 게임 세러피', '비디오 게임 치료법'으로 불리고 있으며, 이는 비디오 게임이 속하는 디지털 콘텐츠의 이름을 딴 '디지털 메디슨' 혹은 '디지털 의료'라는 큰 범주 안에 속한다.

믿거나 말거나, 게임은 인간을 멍청하게 만들 수도, 똑똑하게 만들 수도 있다. 비디오 게임이 인간의 인지 기능에 영향을 미친다는 뉴스를 접하면 사람들이 흔히 떠올리는 질문은 대개 두 가지다. 첫 번째, 비디오 게임을 하면 머리가 좋아질까? 두 번째, 비디오 게임이 치매 예방에 도움이 될까? 첫 번째 질문은 게임이 인지 기능을 향상시킨다는 것이고, 두 번째 질문은 이미 저하된 인지 기능을 게임이 회복시킬 수 있는지에 관한 문제라고 할 수 있다. 우리는 게임이 정상적인 혹은 저하된 인지 기능에 미치는 다양한 영향을 중심으로 여러 연구 결과를 살펴보고, 『게임하는 뇌』를 통해 공유하고자 한다.

과연 비디오 게임이 인간의 인지 행동을 변화시킬 수 있을까?

거두절미하고 결론만 말하자면 게임으로 인지 기능 자체를 향상시킬 수 있다. 비디오 게임을 하는 동안 뇌 속에서 일어나는 기전을 신경과학적 관점에서 살펴볼 때, 게임을 하는 활동 자체는 곧 학습 과정과 다름이 없다. 학습은 뇌 속에서 신경화학적 변화를 일으키고, 그 학습 과정을 통해서 변화된 뇌가 곧 그 사람의 삶을 변화시키게 된다. 이 책에서 우리는 특히 이러한 게임을 학습 향상 도구로 사용할 수 있을지 살펴보고, 이와 관련된 일련의 과학적 기전들에 대해 알아볼 것이다.

비디오 게임에 인지 기능 개선 효과도 있을까?

우선 앞서 말했듯 비디오 게임은 정상 수준의 인지 기능을 증진시키는 효과를 가지고 있다. 보거나 본 것을 인식하고, 그것에 반응하는 능력,

즉 시지각 능력이 좋아진다. 이뿐만 아니라 운동 행동을 조절하는 능력 역시 게임을 통해 향상시킬 수 있다. 게임을 하면서 주의 집중력, 자기 조절 능력 등과 관련된 인지 기능이 증진된다는 연구 결과도 끊임없이 보고되고 있다. 가령 전략 게임이나 롤플레잉 게임을 할 때, 게임 이용 자는 게임을 통해 전략적 사고를 하는 능력이나 자기를 통제하는 능력 을 연습하게 된다. 그렇게 연습한 내용은 게임 내부를 벗어나 실생활에 서의 행동으로도 전이 가능한 일관적인 인지 능력이 되는 것이다.

그렇다면 이미 저하된 인지 기능 역시 게임이 개선시킬 수 있을까?
치매 환자들의 인지 저하를 비디오 게임을 통해서 억제할 수 있다는 놀 라운 사실 역시 점점 밝혀지고 있는 추세다. 이뿐만 아니라 주의력 결 핍 장애ADHD를 갖고 있는 청소년들 역시 비디오 게임을 통해서 주의력 결핍을 보완할 수 있다는 증거가 점점 많아지고 있다.

『게임하는 뇌』가 지향하는 목표는 게임이 인간에게 미치는 영향에 대 한 객관적이며 심도 깊은 이해이다. 이를 위해서 인지과학, 심리학, 의 학, 게임공학 등 여러 관점을 통한 복합적인 고찰이 필요하다. 게임에 대한 정확한 이해를 바탕으로 게임에 대한 사회의 균형 잡힌 관점이 확 대될 수 있기를 바란다.

2021. 8. 대표 저자 이경민

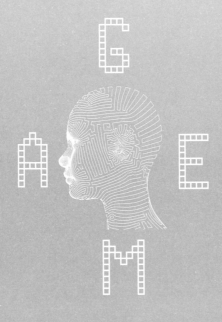

1

인지 기능

알지만 이름은 모르는 것들

무언가를 '인지'한다는 것은 무슨 뜻일까? 보통 '인지하다'라는 말은 무언가를 '안다'라는 말과 같은 뜻으로 쓰인다. 그러나 이 책에서의 '인지 기능'은 조금 다른 의미를 갖는다. 세상을 이해할 뿐만 아니라 그 세상에 적응하고, 세상과 상호 작용할 수 있는 총체적인 능력을 말한다.

게임을 할 때 우리의 인지 기능은 어떻게 나타나고 변화할까? 플레이어는 게임 내 환경을 끊임없이 조작하여 변화시킨다. 자신의 캐릭터를 조종해 가상의 밭을 가꾸기도 하고, 필요한 아이템을 얻기 위해 다른 캐릭터와 많은 것을 교환한다. 역으로 플레이어가 게임 환경에 영향을 받기도 한다. 게임이 인간에게 미치는 영향에 대한 실증적이고 객관적인 연구는 현재 게임 산업의 발전과 게임 이용자가 확장되는 속도를 따라잡지 못하고 있다. 2010년대 이후로 비디오 게임이 인간의 인지 기능에 영향을 미친다는 연구 결과가 국내외 연구진을 통해 활발하게 보고되고 있다. 그동안 게임에 대한 우리 사회의 시선은 게임 중독, 폭력성 증가, 사회성 결여 등 부정적인 관점에 오랫동안 머물러 있던 게 사실이다. 이 장에서는 이러한 가상 공간에서의 활동이 과연 실제 세상을 이해하고 상호 작용하는 능력에 어떤 영향을 미치는지 여러 사례 및 연구를 통해 고찰할 것이다.

이에 앞서 인지 기능과 게임이 각각 어떤 하위 분류를 갖는지 살펴보면서 추후 내용을 이해하기 위한 뿌리를 마련해 보고자 한다. 이는 게임과 인지 기능 간의 관계가 어떻게 구성되는지 이해하는 데 도움이 될 것이다.

학습은 놀이의 다른 말

놀이는 배움의 쌍둥이 형제

"놀지 말고 공부해!"라는 말을 해보지 않은 부모도, 들어보지 못한 자녀도 없을 것이다. 놀이는 종종 학습의 대척점으로 존재한다. 교육자의 꾸중이든, 학습자의 뉘우침이든 "공부해야 하는데 게임만 한다."라는 말로 귀결되는 것은 매한가지다. 그러나 인류의 역사에서 인간의 인지 기능과 뇌를 발전시킨 주역 중 하나는 놀이였다. 모두가 한때는 어린이였음에도 불구하고 우리는 놀이를 통해 세상을 배웠다는 점을 까맣게 잊고 지낸다. 인간은 소꿉놀이, 병원놀이 등의 놀이를 통해 삶에서의 역할을 흉내 내고 연습하며 고유한 경험을 만들어냈고, 어른이 되어서도 놀이를 통해 삶을 효율적으로 재조직할 영감과 동기를 얻는다. 놀이는 학습이나 노동의 반대항이 아니다. 본질적으로 유희를 추구하는 인간으로서 우리는 호모 루덴스Homo Ludens이며, 놀이에서의 재미를 윤활유 삼아 정신적인 창조 활동을 구축해 왔다.

놀이와 학업을 이분법적으로 대치시키는 방식은 중요한 핵심을 놓치게 한다. 인간은 노동하는 인간인 호모 파베르Homo Faber로서 놀이를 배격하고, 이를 통해 지혜로운 인간인 호모 사피엔스Homo Sapiens를 선취하기를 즐겼다. 그러나 인류를 발전시킨 것은 일상 속에서 적절히 어우러져 통합된 놀이와 학습이라는 점을 이제 상기할 필요가 있다.

우리 모두는 배우며 사는 미생

교육과 학습은 동전의 양면처럼 서로 붙어 있다. 다만 교육의 경우 보편적인 가르침을 줘야 하는 교육자의 입장에서 행해진다. 교육자는 학습자들에게 일방향적으로 상식 혹은 지식을 제시하고, 이러한 지식이 전달되면서 발생할 수 있는 오류를 시험으로 검증하며 특정 수준에 도달시킨다는 목표를 가지고 있다. 여기에는 학습자 입장의 능동적 학습이 개입될 여지가 없는 것처럼 보인다. 그러나 모두가 알고 있듯이 실제 교육 현장에서 일어나는 학습 과정은 여기서 끝나지 않는다. 학습자들은 스스로가 처한 상황에서 쓸 수 있는 모든 자원, 가령 스스로의 기존 지식이나 능력 등을 모두 동원해 스스로의 학습 경험을 심화시킨다. 이때 학습자는 스스로 성취한 과정에서 보상을 얻으며 재미를 느끼고, 이 재미로부터 다시 동기를 부여받는다. 이렇게 능동적으로 꾸려 나가는 과정에서 느끼는 재미를 중심으로 한 주도적이고 개별적 경험이 바로 학습의 본질이다.

놀이와 학습을 재미의 여부로 구분해 대조하는 오랜 관습은 어쩌면 우리가 학습자가 아닌 교육자의 관점에서만 학습을 바라보고 있다는 증거일지 모른다. 빠르게 변화하는 시대에 적응하고 있는 우리는 결국 모두 학습자의 입장인데 말이다. 그렇다면 놀이의 대표적인 사례인 게임을 학습과 연결시킨다면 어떨까? 최근 게임 업계에서 개발하고 있는 소위 '기능성 게임'이 이러한 노력의 예라고 볼 수 있다. 인지 기능을 보완하고 치료 효과를 얻고자 하는 이 게임은 분명 성과와 나름의 의의를 일궈냈으나, 본질적으로 교육자의 관점에서 만든 게임이라는 점에서 한계 역시 명확하다. 게임의 형태를 빌렸을 뿐인 교육이기 때문에 피동적이며, 게임을 하는 재미와는 거리가 멀 수밖에 없는 것이다.

공부 잘하는 애가 게임도 잘해?

문제는 학습에서의 재미가 극대화되어야 효율적 학습이 가능하다는 점이다. 누구나 즐기는 비디오 게임에서 우리가 추구해야 할 학습 형태에 대한 영감을 얻고자 한다. 게임도 머리가 좋아야 잘한다는 말이 있다. 그렇다면 비디오 게임을 하기 위해서 갖춰야 하거나, 갖추게 되는 여러 인지 능력 및 역량에 그 초점을 맞춰보는 것을 시작으로 삼는 것은 어떨까? 비디오 게임에서 일어나고 있는 학습 과정에 주목하여 이를 정확하게 이해한다면 모두가 학습자의 입장이 되어야 하는 우리 사회에 이 원리를 적용하여 발전시키는 데 큰 기여를 할 수 있을 것이다. 이렇게 학습과 재미라는 두 마리 토끼를 동시에 잡을 수 있다면 교육에 대한 우리의 선입견과 기존의 관념을 혁신하는 데 큰 도움이 될 수 있을 것이다.

비디오 게임이 머리를 좋게 한다

게임이 우리를 똑똑해지게 할까?

비디오 게임은 인지 기능에 구체적으로 어떤 영향을 미칠까? 세간의 인식과 달리 비디오 게임은 저하된 인지 기능을 다시 향상시켜 정상 수준으로 끌어올리거나, 기존의 상태에서 더 저하되지 않도록 방지할 수도 있다.

　그렇다면 '인지 기능 향상'이란 정확히 무슨 뜻일까? 인지 기능을 언제, 어떻게 활용할지 조절하는 능력을 향상시키고, 인지 조절 과정 없이 습관적으로 그 행동을 할 수 있게 만드는 것이다. 이러한 인지적 훈련의 원리를 알기 위해서는 뇌에서 실제로 일어나고 있는 뇌과학적 기전을 먼저 파악해야만 한다. 그렇게 얻어낸 신경과학적 지식을 바탕으로 더 효과적으로 인지 기능을 향상시키는 방법을 고안해 낼 수 있을 것이기 때문이다.

뇌가 움직이기 시작했다

뇌의 신경 세포보다 중요한 것은 세포들 사이의 연결망이다. 뇌 속에는 뇌 전체 용적을 차지할 만큼의 무수히 많은 신경 다발, 즉 연결망들이 있다. 이 연결망의 총체를 백질white matter이라 부른다. 현미경을 통해 백질을 관찰하면 신경 돌기라고 하는 작은 돌기들과 이 돌기들이 서로 밀접하게 닿아 있는 부분을 확인할 수 있다. 이 연결 부분을 시냅스synapse라고 부른다. 우리가 어떤 행위를 하거나 훈련을 할 때 뇌 속에서는 이 활동과 관련된 시냅스들이 새로 만들어진다. 따라서 새로운 경험 혹은 지식을 많이 축적하면 할수록 그렇지 않은 경우보다 뇌 안의 시냅스가 많아진다. 그러나 잘 형성되었다 하더라도 이후에 잘 사용되지 않거나 불필요할 경우 시냅스들은 스스로 없어지기도 한다. 치매와 같은 퇴행성 뇌 질환은 바로 이런 신경 연접이 점점 약해지거나 없어지기 때문에 발생한다. 따라서 뇌 건강에서 가장 중요한 문제는 이러한 연결성을 계속 유지하도록 뇌를 보호하는 것이다.

그렇다면 비디오 게임을 할 때 우리의 뇌 안에서는 어떠한 변화가 일어날까? 우선 뇌의 행동을 일으키는 신경망, 정확히는 시냅스에서 변화가 일어난다. 이러한 신경망의 변화는 신경 가소성(경험이 신경계의 기능적 및 구조적 변형을 일으키는 현상)이라는 다른 단어로 설명할 수 있다. 신경 가소성은 세 가지 형태로 일어난다. 숨어 있거나 억제되었던 연결망이 발현되거나, 기존 연결망의 효율이 변화하거나, 경우에 따라서는 새로운 연결망이 만들어지기도 한다. 흔히 학습은 뇌에서의 보상 체계를 통해 일어난다고 알려져 있다. 보상 체계에 이런 식으로 신경 가소성의 변화가 일어난다면 이 지점은 학습 과정을 추적하고 있는 우리에게 중요한 열쇠가 되어줄 것이다.

게임에 집중할수록 뇌는 찌릿찌릿

일상생활에서 우리 뇌는 평소에 극히 일부를 사용한다. 즉, 대부분의 신경 세포 간 연결은 잠에 빠져 있는 것처럼 억제되어 있다. 만약 이 억제된 연결이 활성화한다면 우리는 비로소 '머리를 쓴다'는 인지적 경험을 하게 된다. 실제로 비디오 게임을 할 때, 점수를 얻기 위해 뇌가 집중하면 할수록 몰두한 활동과 관련된 신경 세포 연결이 더 강한 자극을 받는다. 이는 신경 효율성의 증가로 이어진다. 게임을 함으로써 일어나는 신경 연결 효율의 변화는 뇌 속에 축적된다. 단, 특정 영역에서의 연결 효율성이 강화된다면 다른 영역에서의 연결 효율성은 반대급부로 감소할 수도 있다. 이는 기회 비용의 문제로 넘어간다. 과도하게 특정 활동만 집중적으로 한다면 관련된 신경 연결 효율성은 증가될지라도 다른 활동과 관련된 신경 연결 효율성을 잃어버릴 수도 있다는 얘기다. 따라서 비디오 게임을 통해 신경 연결 효율성을 높이고자 할 때는 다양한 활동 균형을 맞추기 위해 노력해야 한다.

　게임을 할 때에도 우리는 분명 머리를 쓴다. 정확히는, 게임을 할 때 우리는 머리를 '꽤 많이' 쓴다. 숨은 적을 찾거나 갑작스러운 공격에 캐릭터를 피하게 할 때, 전략을 짤 때 뇌는 놀이를 위해 끊임없이 굴러가고 있다. 과도하거나 편향된 게임 이용으로 신경 연결 효율성과 관련한 기회 비용을 지불하지만 않는다면, 비디오 게임은 평소에 쓰지 않던 신경 세포의 연결을 재미있는 방식으로 활성화해 준다. 즉 우리는 게임을 하면서 재미도 얻고 머리도 쓰는 일석이조의 효과를 누릴 수 있는 것이다.

움직이는 뇌는 보상을 원한다

담배와 마약의 공통점은 무엇일까? 둘은 긍정적 감정 및 경험을 경유하여 내성과 중독이 생기기 쉬운 위험을 공유한다. 이 위험성의 한복

판에는 '도파민dopamine'이라는 물질이 있다. 도파민은 마약이나 흡연을 하면서 인간이 느끼는 희열을 강화시키는데, 이러한 기전은 비디오 게임을 많이 하면 게임에 중독된다는 주장에도 마찬가지로 적용된다. 1998년『네이처Nature』지에 보고된 한 연구는 게임 중인 사람의 뇌에서 분비되는 도파민의 농도 변화를 영상으로 촬영했고, 비디오 게임에 몰입하는 동안 도파민이 분비된다는 점을 최초로 밝혀냈다. 이 결과는 과연 무엇을 의미할까? 도파민 분비를 증가시키는 게임은 중독의 측면으로만 조명되어야 하는 위험한 대상인 것일까?

이에 대해 논하기 전에 도파민의 분비량에 대해 짚고 넘어갈 필요가 있다. 도파민은 사실 일상생활에서도 종종 분비되는 물질이다. 하고 싶은 일을 할 때, 맛있는 음식을 먹을 때, 좋아하는 사람과 데이트를 할 때 도파민 분비량은 평소보다 30~50% 정도 증가한다. 이는 중독 범위에 들지 않는 정상 수준의 분비량이다. 비디오 게임을 할 때 도파민은 이와 비슷하거나 오히려 더 적게 분비된다. 한편 마약을 투입했을 때 도파민 분비량은 1,200% 증가하는 것으로 알려져 있다. 따라서 도파민 분비량이 정상 혹은 오히려 그보다 적은 수준인 비디오 게임을 담배나 마약과 같은 선상에 두며 중독의 관점에서 경계하는 것은 다소 근거가 부족해 보인다.

게임할 때 도파민 시스템이 동원되는 것은 물론 확실하다. 단, 정상수준으로 분비되는 도파민은 보상과 학습이 이루어질 때 필수적으로 동원되는 신경 전달 물질일 뿐이다. 뇌 신경망은 새로운 경험을 할 때 만들어지고, 경험을 반복할 때 튼튼하게 강화된다. 이렇게 만들어진 건강한 뇌 신경망은 계속 변화한다. 그리고 이렇게 신경망을 변화시키는 것을 격려하는 주체는 바로 보상 체계와 도파민이다. 만약 도파민이 없다면 뇌에서는 학습이 일어나지 않거나 학습 효율이 아주 떨어지는 상태가 될 것이다.

양날의 칼을 안전하게 잡는 방법

당연한 말이지만, 과용이 아닌 적당한 선에서 어떤 게임을 어떻게 이용하는지가 지혜로운 게임 생활의 관건이다. 게임에는 여러 장르가 있다. 총을 들고 싸우는 액션 게임이 있는가 하면, 친구들과 친목을 다지기 위한 소셜 네트워크 게임이 있고, 게임 속 서사에 몰입해 특정 삶의 경험을 얻는 RPG 게임도 존재한다. 추리 소설을 선호하는 사람이 있고, 순수 문학을 즐겨 읽는 사람이 있듯이 다양한 장르의 게임 중에서 선호하는 게임 역시 사람마다 다르다. 게임의 효용성도 마찬가지다. 누군가에겐 특정 게임이 인지적으로 도움이 될 수 있지만, 다른 누군가에겐 해가 될 수도 있다.

이를 올바로 판단하기 위해서는 게임의 유용성과 위험성을 이해하고, 그것을 기반으로 필요한 게임을 선정해야 한다. 그렇다면 게임은 어떤 점에서 유용하고, 또 어떤 점에서 위험할까? 우선 게임은 우리에게 새로운 경험을 준다. 해본 적 없는 게임을 하려면 그 게임을 배워야 한다. 게임의 세계관부터 조작법 혹은 더 점수를 얻을 수 있는 방법 등을 잘 이해해야 더 재미있게 즐길 수 있다. 이러한 일련의 과정은 낯선 경험을 쌓는 좋은 기회이기도 하며, 이러한 경험을 게임은 반복적으로 훈련할 수 있게 해준다.

예를 들어보자. 레이싱 게임에서 자동차의 방향과 속도를 조절하는 능력은 여러 차례에 걸친 경험의 반복을 통해서 얻어진다. 인지과학적 측면에서 본다면, 이러한 게임에서의 기술 수준 향상은 인지 기능의 효율성 증진이라고 할 수 있다. 레이싱 게임의 경우 어딘가에 부딪치지 않고 차를 잘 달리게 할 수 있으려면 고도의 주의력이 필요한 동시에 시공간 능력을 통해 방향을 인지해야 하고, 속도 등을 통제하기 위한 운동 능력이 필요하다. 이렇게 여러 인지 기능이 필요한 경험을 반복한다면 게임으로 인지 기능의 효율성을 끌어올리는 것이 가능해진다. 또한 실제 레이싱을 하지 않고도 레이싱 게임만으로 이러한 경험적 성취가 가능하다는 데에 게임의 또 다른 유용성이 존재한다. 실제로 레이싱을 하려면 비용뿐만 아니라 여러 물리적 위험이 산재해 있는데, 그런 단점을 감수할 필요 없이 최저 비용만을 지불하고도 신선한 경험을 할 수 있는 방안이 바로 게임인 것이다.

이처럼 비디오 게임은 탁월한 학습 도구이자 학습 공간이지만, 이는 이용자가 게임을 적절히 활용했을 때의 이야기다. 게임이라는 양날의 칼을 자칫 잘못 쥔다면 우리는 노름으로 변해 우리를 해치려 달려드는 놀이를 목도하게 될 것이다. 놀이는 재미를 위한 활동이지만 노름은 명예욕이나 돈과 같은 현실적 욕망에 얽매인 도구에 가깝다. 게임이 이러한 욕망의 도구로 전락하지 않도록 우리는 정신적 고양을 중심 가치에 두고 호모 루덴스로서 게임을 사유해야 한다.

게임에 들어가는 시간과 에너지의 문제 역시 간과해서는 안 된다. 일이나 공부에 방해가 되지 않을 정도로 적절하게 게임을 소비하는 것이 관건인데, 문제는 이러한 시간 자원을 융통성 있게 활용할 수 있는 자기 통제 능력 혹은 기회 비용 조절 능력은 저절로 만들어지지 않는다는 점이다. 청소년기까지는 대체로 이 능력이 낮은 수준에 머물러 있기 때문에 보호자가 같이 게임을 하면서 이러한 능력을 길러주는 것도 하나의 방법이 될 수 있다.

미지의 영역으로 남아 있는 뇌

책에서 지식을 습득하는 것만이 학습은 아니다. 게임이 훌륭한 학습 도구가 될 수 있다면 학습자로서 우리는 이를 십분 활용해야 한다. 좋은 학습은 학습자 스스로 주도적인 개별 경험을 만들어내게 하며, 동시에 다른 학습자들과 상호 작용하며 한 차원 더 거듭난 지식 구조를 함께 구축하는 데까지 확장되어야 한다. 여기에 필요한 공간적 개념이 바로 '학습 친밀 공간'이다. 온라인 RPG 게임 이용자들이 특정 공간에서 상호 작용하듯, 실제 교육 현장에서도 비디오 게임 등의 도구를 이용하여 같은 방식으로 협동적 학습을 유도하는 방법이 필요하다.

이처럼 우리는 새로운 학습 형태를 빚어내야 하는 조소가인 입장인 것과 동시에 우리의 뇌가 어떻게 빚어지는지에 대해 알아야 할 의무가 있다. 따라서 학습 과정에서 일어나는 뇌 변화를 이해하는 것은 대단히 중요하다. 알파고가 이세돌에게 바둑을 이긴 지 몇 년이 지난 2021년 현재에도 뇌는 여전히 미지의 세계다. 더 정교한 뇌과학적 접근을 위한 연구가 필요하고, 우리 자신의 현재와 미래를 위해서라도 이러한 연구들에 투자할 필요가 있다. 슬기로운 게임 생활에 앞서 우리가 할 그 게임을 슬기롭게 만들어내는 것은 필시 우리 사회 전체의 큰 이익이 될 것이다.

사고 능력은 인지 기능 간의 팀워크

비디오 게임과 인지 기능의 상호 작용

보통 '인지하다'라는 말은 무언가를 '안다'라는 말과 동의어로 쓰인다. 그러나 이 책에서의 '인지 기능'은 조금 다른 의미를 갖는다. 세상을 이해할 뿐만 아니라 그 세상에 적응하고, 세상과 상호 작용할 수 있는 총체적인 능력이 바로 '인지 기능'이다.

인간의 사고 능력은 다양한 인지 기능의 팀워크이다. 임상심리학 관점에서 인지 기능은 대개 주의력, 기억력, 언어 능력, 시공간 지각 능력, 사회성 & 정서, 운동 능력, 감각 능력, 집행 기능까지 8가지로 나눌 수 있다.

〈1〉
집중하고 싶은 것에 집중, 주의력 Attention

주의력은 특정한 물체, 활동, 생각 등 내가 집중하고자 하는 한 가지에 선택적으로 집중하고, 집중한 상태를 유지하는 능력을 말한다. 주의력을 무한히 할당할 수 있다면 좋겠지만, 불행히도 주의력은 무한한 자원이 아니다. 한 가지 일에 집중하기 위해 쏟을 수 있는 집중력은 제한되어 있다. 따라서 우리는 가장 높은 효율을 얻기 위해 인지 자원을 잘 분배해야 한다. 주의력은 주의를 기울이려는 목표 대상 외 다른 방해물이 되는 것들에 대해 머릿속에서 벌어지는 일을 조절하는 절차의 한 과정이라 볼 수 있다.

〈2〉
정보 저장소이자 인지 절차, 기억력 Memory

정보의 저장소이자 과거의 정보를 불러올 수 있는 인지 절차를 기억이라고 부른다. 미래에 어떤 일을 할 것인지 세운 계획에 대한 정보 역시 기억의 한 부분이다. 기억은 방대한 양의 정보를 처리하는데, 그 형태는 이미지, 소리, 의미 등 다양하게 구성된다. 예를 들어 작년 크리스마스 파티에 대한 기억은 캐럴(청각), 반짝이는 조명(시각), 맛있는 케이크(미각), 가족과 함께 보낸 즐거운 시간(의미, 감정) 등의 복합적인 기억으로 구성되어 있다.

기억이 처리되는 과정은 정보를 저장하는 단계, 저장된 상태를 유지하는 단계, 다시 불러오는 재인출 단계로 나눌 수 있다. 기억 체계는 기억이 저장되는 기간과 저장 용량에 따라 감각 기억, 단기 기억, 장기 기억으로 구분한다. 감각 기억은 시각, 청각, 미각 등 감각 기관에 입력된 정보를 아주 짧은 시간 동안 대용량으로 유지하는 기억을 말한다. 단기 기억은 감각 기억보다 정보 보유 시간이 길지만, 수십 초가량 일시적으로 유지되는 기억이다. 우리가 기억하기 위해 노력하는, 의식 수준에 존재하는 기억을 의미하기도 한다. 대표적인 예로 계좌 이체를 할 때 계좌 번호 중 일부를 되풀이하며 외우다가 화면에 입력하는 것은 단기 기억에 속한다. 단기 기억은 '작업 기억'이라고도 하는데, 단기 기억이 정보를 저장하는 수동적 측면을 강조하는 구분인 반면, 작업 기억은 정보를 일시적으로 보유하는 것을 넘어 적극적으로 정보를 가공하고 정보 활용법을 계획하는 과정을 포함한다. 가령 덧셈과 곱셈 등 간단한 암산을 하는 것이 작업 기억에 속한다.

장기 기억 용량은 제한이 없는 것으로 알려져 있으며, 내용에 따라 친구와 만나 나눈 이야기처럼 자기 자신과 관련된 기억인 일화 기억과, '현재 대한민국 대통령이 누구인가'와 같은 세상에 대한 지식인 의미 기억으로 나뉜다.

목표 성취 시 필요한 고위 인지 기능, 집행 기능Executive Function

집행 기능은 목표를 성취하려고 할 때 필요한 고위 인지 기능을 아우르는 용어다. 주로 뇌의 전두엽 영역에서 일어나는 인지 활동이라는 측면을 강조하여 '전두엽성 기능'이라고 부르기도 한다. 그러나 집행 기능이 전두엽만 활성화하는 것은 아니므로 '집행 기능'이라는 용어를 더 많이 사용한다.

집행 기능은 포괄적인 개념이다. 그 속에는 여러 가지 하위 인지 기능이 세트로 들어 있다. 대표적으로 자기 스스로 억제하는 억제 조절 능력, 주의를 분산시켜 집중하는 주의 배분 능력, 문제를 해결하는 능력, 계획하는 능력이 집행 기능의 예로 거론된다.

억제 조절 능력은 내 의도와 상관없이 자동적으로 유발되는 행동이나 상황에 어울리지 않는다고 판단되는 사고와 행동을 하지 않도록 참는 기능이다. 이 능력이 약화되면 이목을 끄는 외부 자극에 쉽게 동하게 되어 주의가 산만해질 수 있다. 주의 배분 능력은 주의력을 어디로 향하게 할지 조절하는 능력으로, 억제 조절과도 연관이 있다. 스포트라이트를 옮기듯 주의를 어디로 이동하고 얼마나 빠르게 이동할지 조절하는 능력이라고 할 수 있다. 억제 조절 능력과 마찬가지로 이 기능이 약해지면 주의가 산만해질 수 있다. 문제 해결 능력은 당면한 문제에 대해 유연하고 체계적으로 접근하여 해결책을 찾아내는 능력이다. 상황에 적절한 해결책을 신속하게 찾아내는 사람, 요점을 잘 짚어내는 사람은 이 기능이 잘 발달된 사람일 가능성이 높다. 계획 능력은 한 가지 일을 하기 위해 필요한 행동과 생각을 단계적으로 정리하고 조직하는 능력을 말한다.

모든 일에는 순서가 있다. 집행 기능이 저하될 경우 순서대로 또는 체계적으로 해야 할 일을 처리하지 못하거나, 자기 관리를 하지 못하는 모습을 보일 수 있다.

〈4〉
언어의 상징 체계를 이해하고 사용하는 능력, 언어 능력Language

인지 기능으로서 언어 능력은 언어라는 상징 체계를 이해하고 사용하는 능력이다. 어린아이가 문법 규칙과 어휘를 익히고 문장을 만들어내는 능력, 우리가 책을 읽거나 수다를 떠는 것이 모두 언어 능력이다. 말소리를 새소리와 구분해 내는 능력부터 대화가 진행되는 맥락을 파악하는 능력까지 아우르는 다양한 층위의 능력이 여기에 속한다.

언어 능력은 인간의 인지 기능 중 다양한 관심을 받은 분야 중 하나이며, 일상생활을 영위하는 데 필수적이다. 언어 능력이 저하되면 문법에 맞춰 말을 하거나 글을 쓰는 일이 어려워지고, 유창하게 말하고 타인의 언어를 이해하는 것이 어려워진다.

〈5〉
시각 & 공간적 관계를 통합해 활용하는 능력,
시공간 지각 능력 Visuospatial Ability

시공간 지각 능력은 대상의 형태, 시각적인 특징과 공간적인 관계를 파악하고, 기억하고, 통합해서 활용하는 능력이다. 『시공간 인지 기능 모델』(Buening, J., & Brown, R. D., 2018)이라는 책에 따르면, 사람들은 주로 두 가지 다른 방법으로 시각적, 공간적 정보를 처리한다. 먼저 눈, 시신경과 같이 시각 기관을 통해 물체의 시각적 특성, 공간에서 차지하는 위치, 움직임과 같은 정보를 받아들일 수 있다. 또는 실제로 보지 않더라도 꿈을 꾸듯 가상의 이미지를 떠올리며 실제 외부 환경을 바라보는 것보다 더 생생하고 구체적으로 정보를 처리할 수도 있다.

우리가 머릿속으로 만들어내는 이미지, 즉 상을 인지과학에서는 심상이라고 부른다. 심상을 만들어냄으로써 사람들은 시각적, 공간적인 요소들을 새로운 방법으로 조합하고 조작할 수 있다. 수학 시간에 도형을 이동하고 뒤집는 문제를 풀거나 설명서를 보고 레고를 조립할 때, 길을 찾을 때, 운전을 하면서 전방을 주시할 때, 두 물체 간 거리를 가늠할 때 모두 이와 같은 시공간 능력을 활용하는 일상적 순간들이라 말할 수 있다.

〈 6 〉

감정을 표현하고 타인과 어울리는 능력,

사회성 & 정서Sociability & Emotion

사회성과 정서는 감정을 적절하게 표현하고 타인과 어울리는 능력이라고 할 수 있다. 사회성과 정서가 인지 기능으로 인정받기 시작한 것은 오래되지 않았으나 현재 많은 주목을 받고 있다. 사회 인지는 대인 관계를 원만하게 하는 일과 관련된다. 대인 관계를 잘 꾸려나가려면 타인의 감정과 생각을 이해하고 적절하게 대응하는 능력이 필요하다. 특히 타인의 마음과 의도를 이해하는 것을 '마음 이론Theory of Mind'이라고 하며, 사회 인지의 중요한 요소 중 하나로 부상했다.

사회 인지는 자신의 개인적 특성을 알아가는 데도 중요하다. 정체성을 형성하고 자신의 감정을 이해하는 능력 역시 사회 인지에 속하기 때문이다. 하퍼 리의 소설『앵무새 죽이기To Kill a Mockingbird』의 대사 중 "타인의 신발을 신는 것"과 같이 스스로를 친구의 처지에 대입하며 친구의 기분을 파악할 수도 있고, 역으로 "저 사람이 나를 어떻게 생각할까?" 질문하는 것처럼 타인을 관점에서 나를 파악할 수도 있다. 사회 인지 영역에서 자신과 타인은 완전히 배타적이지 않으며 상호 작용하며 발달하는 관계다.

〈7〉

원하는 대로 몸을 움직이는 능력, 운동 능력 Motor Skills

말 그대로 자신이 원하는 대로 몸을 움직이는 능력이다. 스스로 몸치라고 생각하는 사람들은 이해할 텐데, 춤을 잘 추는 것은 상당히 어렵다. 신체를 섬세하게 움직여서 원하는 결과를 내는 것은 운동 기능과 연관돼 있다. 그러나 운동 능력은 연습을 통해 학습하거나 개선할 수 있다. 『사회복지학사전』에 의하면 운동 능력은 크게 대근육 운동과 소근육 운동으로 나뉜다. 대근육 운동은 사지를 사용해 상대적으로 큰 동작을 수행하는 운동을 말하고, 달리기나 걷기, 밀기, 던지기, 받기와 같은 동작들이 대근육 운동이라는 범주에 들어간다. 소근육 운동은 주로 손과 손가락을 사용하는 세밀한 동작을 뜻한다. 눈과 손, 손과 손의 협응이 대표적인 소근육 운동에 속한다. 또한 소근육 운동은 아동의 지각 능력, 모방 기능과 연관되어 학습에 필수적인 요소로 작용한다.

〈8〉

감각 기관을 통해 자극을 수용하는 능력, 감각 능력 Sensory Ability

감각은 외부 자극이나 신체 내부, 예를 들어 장기 기관에서 유래하는 자극으로부터 유발되는 정신 활동을 의미한다. 흔히 시각, 청각, 후각, 미각, 촉각이 '오감'이라는 명칭으로 묶여 쓰이지만, 실제로 감각의 종류는 더 세부적으로 분류될 수 있다. 사람은 감각 기관을 통해 외부와

1 인지 기능 | 알지만 이름은 모르는 것들

내부 자극을 수용·분석·통합하는데, 가령 장미에 대해 '예쁘다', '꽃이다', '아프다' 등 각각의 단일한 지각을 형성한다. 따라서 감각은 인지 기능이 제대로 작동하는 데 반드시 필요한 요소로 볼 수 있다. 감각 기관이 정보를 받아들이지 않거나 오작동한다면 시력 저하와 만성 통증 같은 문제를 유발하여 일상 생활이 어려워질 수 있다.

미지의 세계 탐구, 뇌의 지도

부위별로 다른 기능을 하는 뇌

인지 기능이 소프트웨어라면, 하드웨어는 무엇이며 어떻게 구성되어 있을까? 인지 기능을 가능하게 하는 하드웨어가 바로 우리의 뇌이다. 반쪽 호두처럼 생긴 대뇌는 좌반구와 우반구로 나뉘며, 주름이 많은 기관이다. 주름 속으로 쑥 들어간 부분을 뇌 고랑, 튀어나와 있는 부분을 이랑이라고 부른다. 고랑을 따라 뇌는 통상적으로 다섯 가지 엽Lobe으로 구분된다.

뇌는 눈을 깜빡이는 세밀한 활동부터 상상력을 펼치는 것까지 우리가 벌이는 모든 활동을 담당하는 무척 복잡한 신체 기관이다. 겉으로는 쭈글쭈글한 기관일 뿐이지만, 그 안을 이루고 있는 수많은 신경

1 인지 기능 ｜ 알지만 이름은 모르는 것들

다발은 전선이 연결되듯 뇌의 여러 부분을 다른 곳으로 연결한다. 또한 어떤 부분이 서로 연결되어 있는지에 따라 뇌는 다양한 기능을 수행한다. 넓게 보았을 때 뇌의 뒷부분(뒤통수 부분)은 감각 정보를 처리하고, 앞부분(이마 부분)으로 넘어올수록 추상적이고 복잡한 정보를 처리하는 것으로 알려져 있다. 물론 케이크를 자르듯 간단명료하게 뇌의 여러 부분과 기능을 나누는 것은 쉽지 않지만, 뒤에서 앞으로 짚어가며 대략적인 지도를 그려볼 수는 있다.

뇌의 부위		담당 기능
소뇌 Cerebellum		뇌의 가장 뒤쪽에 위치하고 있다. 신체 움직임이 로봇처럼 끊어지거나 부자연스럽지 않고 매끄럽게 이어지도록 행동을 개시하기 전 미세하게 조절하는 부분으로, 운동 조절에서 중요한 역할을 담당한다. 또한 시간과 관련된 정보를 처리하는 것으로 알려져 있다.
후두엽 Occipital Lobe		대뇌의 가장 뒤에 위치한 후두엽은 시각과 직간접적으로 연관돼 있다. 눈으로부터 들어오는 빛 정보를 통합해 물체의 형태와 움직임, 빛의 밝기 등을 인식한다. 이뿐만 아니라 어떤 이미지를 떠올릴 때에도 후두엽이 관여한다

변연계 Limbic System		대뇌의 가장 겉껍질(대뇌 피질) 안쪽으로 들어가면 기억을 만들어내고 몸이 잘 기능할 수 있도록 돕는 중요한 뇌 기관이 위치한다. 바로 변연계로, 성 행동 및 정서 행동, 공격적인 행동을 조절하고 수면과 섭식의 주기를 통제하며, 체온을 조절하고 목이 마를 때 알려주는 등 신체가 최적의 상태를 유지하도록 돕는다. 기억을 만들어내며 학습에 관여하는 것은 물론이고 후각과도 연관되어 있다. 감정 행동 및 일부 운동을 조절하거나 시상하부의 기능을 조절하는 역할을 담당한다. 뇌의 한 부분, 예를 들어 감각 기관에서 들어오는 정보를 뇌의 다른 분위로 신호를 전달하는 중요한 허브의 역할을 하기도 한다.
측두엽 Temporal Lobe		주먹을 쥘 때 엄지손가락이 있는 곳과 같은 위치에 있다. 왼쪽 측두엽은 언어, 특히 음성 언어를 이해하는 데에 필수적이며, 얼굴을 인식하는 것과 같은 복잡한 대상을 재인식하는 과정에도 관여한다.
두정엽 Parietal Lobe		후두엽의 앞, 측두엽의 위에 위치한 두정엽은 몸 내부에서 일어나는 감각을 느끼는 체감각, 시각, 청각을 통해 입수한 정보를 합쳐 공간적 소재나 신체 부위의 위치 등을 인식하고 운동을 기획한다. 우측 두정엽 영역은 시간 흐름에 따른 공간적 위치에 지속적으로 주의를 기울이는 능력과 연관돼 있다.

1 인지 기능 I 알지만 이름은 모르는 것들

| 전두엽
Frontal
Lobe | | 머리 중의 머리로 꼽힌다. 대뇌 반구의 이마 쪽에 위치한 부분으로 기억력, 사고력 등을 주관하고 신경다발로 연결된 다른 영역으로부터 들어오는 정보를 조정하고 행동을 조절한다. 시간 관리, 판단, 충동 조절, 계획 수립, 정보 조직화, 비판적 사고, 주의력 조절 및 타인과의 의사소통 같은 능력과 관계되어 있으며, 목표 지향적이고 효율적인 행동을 하는 데에 결정적인 역할을 한다. |

부분별로 담당하는 기능이 다른 뇌의 지도

게임 장르

현존하는 게임 중 내가 아는 게임은 과연 몇 개 쯤 될까? 게임에는 무수히 많은 종류가 있다. 추리 게임, 성장 게임, 밭 가꾸기 게임 등 그 내용이 서로 다를 뿐더러, 같은 게임이라 할지라도 모바일 버전이나 PC 버전 등 제공하는 플랫폼의 형태도 다양하다. 이제부터 그 모든 요소를 아우르는 게임의 '장르'에 대해 알아보자.

게임 장르는 게임의 내용, 서사, 플레이 시점, 플랫폼과 같은 여러 요소를 기준으로 분류할 수 있으나, 인지 기능과 가장 밀접하게 연결되는 요소는 '게임의 내용'이다. 게임 내용은 플레이어가 게임상에서 하는 행위와 연관되어 있다. 한국콘텐츠진흥원은 파생 장르를 적절히 포괄하며 게임 내용에 따라 다음과 같은 여덟 가지 카테고리로 분류했다. 장르별 대표 게임 중 들어보거나 깔아봤을 게임이 분명 하나쯤은 있을 것이다.

구분	장르 및 대표 게임
퍼즐 게임 Puzzle Game	간단한 형태의 조각 이미지들을 공간 속에서 맞추며 제거해 나가는 게임으로, 스마트폰 등장 이후 크게 활성화한 게임 장르다. 대표 게임: <애니팡>, <테트리스>, <캔디크러쉬>
롤플레잉 게임 Role-Playing Game	플레이어가 게임 속의 인물 캐릭터를 맡아 진행하는 게임이다. 이용자로 하여금 플레이하는 캐릭터의 입장에 몰입하도록 만드는 게임이다. 대표 게임: <워크래프트>, <메이플 스토리>, <마인크래프트>, <오버워치>
액션 게임 Action Game	이용자가 실시간으로 게임 캐릭터의 행동을 제어하고 캐릭터를 조종해 활발한 활동(액션)을 함으로써 재미를 느끼는 게임이다. 슈팅 게임이 여기에 속하며, 파생 장르로는 러닝 게임, 대전(Fighting) 게임 등이 있다. 대표 게임: <슈퍼마리오>, <니드 포 스피드Need for Speed>
모험 게임 Adventure Game	주인공이 겪는 모험을 게임으로 구현한 것이다. 이야기를 중심으로 짜인 게임이 많다. 플레이어는 게임상의 환경을 탐구하며 퀘스트를 깨는 등의 활동을 한다. 대표 게임: <인디아나 존스>, <원숭이 섬의 비밀>, <젤다의 전설>

시뮬레이션 게임 Simulation Game	현실 세계의 상황들을 비슷하게 재현하고 모방하는 게임이다. 게임 공간이 현실을 상당 부분 반영하고, 플레이어 또한 현실에서 실제 사람이 보이는 행동과 유사하게 행동하는 게임이다. 대표 게임: <심즈Sims> 시리즈, <FIFA> 시리즈
전략 게임 Strategy Game	추론과 상황 판단을 통해 문제를 전략적으로 해결해 나가는 게임 장르다. 승리를 거머쥐기 위한 깊은 사고와 뛰어난 계획이 요구된다. 대표 게임: <리그 오브 레전드League of Legend>, <에이지 오브 엠파이어Age of Empires>, <스타크래프트Starcraft>
기능성 게임 Serious Game	게임의 재미와 경쟁적 특성을 교육과 학습에 응용한 게임이다. 대표 게임: <뉴로 레이서Neuro Racer>
엑서 게임/ 스포츠 Exergame/ Sports	몸을 많이 움직이는 운동형 게임으로 몸의 움직임과 반응에 기반한 게임이다. 스포츠 게임은 닌텐도 위Nintendo Wii처럼 플레이어의 신체 활동을 통해 캐릭터를 움직이는 게임이 많다는 점에서 엑서 게임이라고도 불린다. 대표 게임: <닌텐도 위 댄스댄스 레볼루션Dance Dance Revolution & 아이토이Eye Toy>, <엑스박스 키넥트 스포츠 얼티메이트Kinect Sports Ultimate>

출처 전경란, 2005; 한국콘텐츠진흥원, 2009; 류성일 & 박선주, 2010

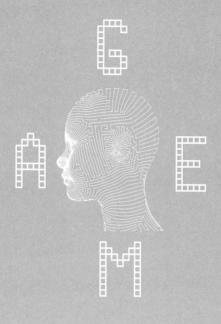

2

인지 회복

게임이 치매를 막을 수 있을까

'배움'은 이해와 도전을 반복하는 인지적 활동을 의미한다. 새로운 게임을 시작할 때 우리는 게임 규칙을 이해하고 부담 없이 컴퓨터나 콘솔 등 새로운 기술에 스스로를 노출시키며 배움의 현장에 놓이게 된다. 게임은 우리의 인지 기능에 도움을 줄 수 있는 여러 특징을 갖는다. 레벨 업을 앞둔 플레이어는 아쉽게 진 판에 재도전하며 새로운 전략을 구상하는 모습을 보이기도 하며, 게임은 이용자의 행동에 대해 즉각적인 피드백을 줌으로써 플레이어 스스로 잘하고 있는지 돌아보는 자기반성적 생각을 하게 하고, 그에 맞춰 즉각적으로 행동을 고치도록 유도하는 등 메타 인지를 활발하게 한다. 이뿐만 아니라 퍼즐 게임이나 카드 게임처럼 곰곰이 생각하는 과정을 거치는 게임을 한 이들에겐 자기 통제 능력이, 순발력 있고 정확한 행동을 취해야 하는 액션 게임을 한 이들에겐 행동 실행력이 높아지는 모습이 관찰되기도 한다. 전략 게임과 액션 게임 플레이어는 눈앞에 펼쳐진 환경에서 가용한 자원을 활용해 주도적으로 여러 퀘스트를 헤쳐 나간다. 따라서 게임을 하지 않는 이들에 비해 인지적 전환 능력과 유연성이 향상되기도 한다.

게임하면서 벌어지는 일과 필요한 요소를 순간적으로 파악하고,

이를 단기적으로 기억하는 과정은 우리 머릿속의 작업 공간인 작업 기억 향상에 도움이 되기도 한다. 승리로 이끄는 규칙을 파악하면서 추상적 사고 능력과 개념화 능력에 역시 도움을 받는다.

　게임에 몰입할 때 플레이어는 다양한 인지 활동에 집중하게 된다. 이때 얻어지는 학습 효과는 무시할 수 없다. 특히 운동exercise과 게임game을 함께 즐길 수 있도록 접목시킨 엑서 게임exergame의 경우 신체 활동을 유도하여 근력과 인지 능력 저하에 취약한 노년층에게 몸과 머리를 건강하게 유지하는 즐거운 활동을 제공한다. 이러한 특징을 지닌 게임은 인지와 정신병리학적 상황에서도 그 위치를 확장해 가며 디지털 세러피digital therapy로서 자리매김하고 있다. 무엇보다 우리가 게임을 찾는 이유이자 게임의 대표적인 요소인 '재미'는 부정적인 정서를 감소시키고 자발적인 인지, 신체 활동을 이끌어낸다. 단, 한 가지 음식만 섭취하면 영양 불균형이 생기는 것처럼 게임에 필요한 활동을 하면서 뇌를 자극하고, 관련 행동을 반복하면 신경 연결의 효율성은 증가하지만, 사용하지 않은 행동에 필요한 신경 연결은 약화된다. 따라서 우리는 균형 잡힌 인지 활동을 하기 위해 노력할 필요가 있다.

똑똑한 사람이 게임도 잘할까

전략 게임은 전략가를 키우는가

인기 있는 1인칭 슈팅 게임 〈배틀그라운드Battleground〉에서 플레이어는 게임 시작과 동시에 서바이벌 경기 구역 내 한 지점을 향해 비행기에서 뛰어내린다. 이때 사방을 둘러보며 같은 지점을 향해 가는 적의 위치를 파악한다. 목표지에 낙하한 플레이어는 주위를 살펴 인근에 착륙하는 적을 견제하면서 전투에 사용할 무기를 모은다. 근접한 위치에 적이 착륙했을 경우 재빨리 손에 잡히는 무기를 구해 먼저 처치하는 것이 중요하다. 이후 위치가 발각되지 않게 주의하되 점점 좁혀져 오는 경기 구역 내로 이동하면서 다른 플레이어들과 싸워 최종 생존자가 되어야 한다. 한두 시간 남짓 게임이 진행되는 동안 전장에서 들리는 총소리와 발소리에 귀를 기울이고 멀리서 움직이는 적을 포착해야 한다. 적극적으로 적을 찾아 해치울 것인지, 숨어서 기다리는 방어 전략을 사용할 것인지, 때때로 작고 큰 전략을 세워 서바이벌전을 벌여야 한다. 듣기만 해도 긴장감이 흐르는 숨 막히는 두뇌 싸움이다. 최후의 1인 또는 팀이 되기 위해 필요한 무기를 모으고 전술을 짜며 전투를 벌이는 것은 여간 어려운 일이 아니다.

이처럼 '전쟁을 전반적으로 이끌어가는 방법이나 책략에 관한 것'을 우리는 '전략적'이라고 표현한다. 플레이어가 〈배틀그라운드〉에서 보이는 일련의 행동은 전략적이다. 전략적인 행동은 액션 게임뿐 아니라 전략 게임에서 그리고 최소한의 움직임으로 퍼즐을 풀어야 하는 퍼즐 게임을 이용하는 플레이어의 모습 속에서도 관찰된다. 그러나 가상 공간에서 오락을 목적으로 전략적 사고를 하는 것이 현실 세계에서 체계적으로 생각하는 능력에 영향을 줄 수 있을까? 최근 사회의 관심은 게임이 뇌 기능 유지와 발달에 도움을 줄 수 있는가를 향해 있다. 그 배경에는 비대면 생활이 지속되면서 직접 친구를 마주하지 않아도 함께 즐길 수 있는 취미로 게임이 활약하고 있다는 점과 스마트폰, 닌텐도 스위치Nintendo Switch, 엑스박스Xbox, 노트북 등 다양한 전자 기기가 보편화하면서 게임에 대한 접근성이 높아졌다는 시대적 특징이 있다.

게임이라는 3D 퍼즐

게임 이용자가 증가하는 만큼 사회적으로 막연한 불안과 걱정도 커졌다. 게임은 지적 능력을 향상시키는 퍼즐과 독서, 신체 능력을 증진시키는 운동과 달리 그리 생산적인 취미처럼 보이지는 않는다. 또한 새로운 취미로 부상하고 있는 게임이 인간의 사고 회로와 뇌 기능에 미치는 영향에 대해서는 명확하게 보고된 바가 없기 때문에 오락을 하면 머리가 나빠지지는 않는지, 무의미한 시간 낭비는 아닐지 두려움만 더 자랄 뿐이다. "기능성 게임이 뇌 발달에 도움이 된다."는 주장도 최근 들어 어렵지 않게 찾아볼 수 있으나, 여전히 궁금증은 남는다. 게임이 이용자에게 미치는 영향에 대한 혼재된 정보 속에서 어떻게 게임을 바라보아야 할까? 게임은 인간을 더 똑똑하게 만들어주는 취미가 맞는 걸까?

현재로서는 똑똑한 사람이 게임을 잘하는 것인지, 게임을 잘하는 사람이 똑똑한 것인지 명확한 답을 내릴 수 없다. 농구를 하면 키가 크는 것인지, 키가 큰 사람이 농구 선수가 되는 것인지 구분하기 힘든 것처럼 말이다. 게임과 지능의 관련성에 대해 알아보기 위해서는 과학 연구를 참조해야 하지만, 학술 자료 내에서도 몇 가지 이유로 인해 게임에 대한 명료한 해답을 찾아보기 어렵다. 먼저 비디오 게임 같은 경우 콘텐츠와 기술 측면에서 빠른 속도로 발전하고 변화하기 때문에 연구 진행, 발간 속도와 게임 트렌드가 완벽히 들어맞지 않는 측면이 있다.

<배틀그라운드> 스크린샷
출처: 위 기글하드웨어(gigglehd.com) @우냥이
아래 씨디맨의 컴퓨터이야기(cdmanii.com)

또한 게임에는 다양한 종류가 있는데, 종류마다 플레이어의 여러 가지 뇌 기능에 상이한 효과를 미칠 수도 있다. 한 게임이 뇌의 A기능에는 좋은 영향을 미칠 수 있지만, B기능에는 그렇지 않을 수 있다는 것이다. 가지각색의 구체적인 결과가 '게임이 지능에 미치는 효과'라는 하나의 큰 틀로 묶여 제시되면 앞뒤가 맞지 않아 뒤죽박죽인 모양으로 보이는 것이다. 따라서 게임의 영향을 연구하기 위해서는 이용자에 대한 정보와 게임에 대한 정보를 면밀하게 분류 관찰하고 정리하는 과정이 필요하다. 게임 연구는 여러 변수가 작용하는 연구인 만큼 단면이 아닌 입체적으로 이해해야 한다.

지금까지 과학자들이 제시한 여러 연구는 어떤 일관된 주장을 하고 있을까? 즐기는 것이 목적인 오락용 게임을 하면 머리가 나빠지는지, 게임은 좋은 취미와 나쁜 취미 중 어느 것으로 분류되는 것이 좋을지 등 인지 기능 관점에서 과학적 근거를 하나로 조립해 보는 과정은 우리가 게임을 바라보는 시각을 정립하는 데 도움이 될 것이다.

2 인지 회복 | 게임이 치매를 막을 수 있을까

내 머릿속의 관리자

'브레인'을 담당하는 집행 기능

지적 능력과 심리 기능을 통틀어 인지 기능이라고 한다. 심리학 관점, 특히 임상적 관점에서 인지 기능은 기억력, 주의력, 시공간 지각 기능, 언어 능력, 집행 기능 등으로 나뉜다. 그중 집행 기능은 논리적·전략적 사고와 관련성이 높은 기능으로, 뇌의 전두엽과 관련이 높은 인지 기능이다. 반사적이거나 본능적인 행동이 아닌 고차원적인 사고를 담당하는 것으로 알려져 '고위 인지 기능'이라고 통칭하기도 한다. 집행 기능은 머릿속에서 추상적이고 논리적인 생각을 할 수 있게 하고, 일에 주의를 집중하거나 불필요한 행동을 하지 않도록 통제하는 역할을 한다. 내가 스스로 그리고 효율적으로 일을 할 수 있도록 지시를 내리고 감독하는 관리자와 같다. 집행 기능이 좋다는 말은 종종 '머리가 좋다'는 말로 표현되기도 한다.

불안은 시야를 좁힌다

게임에서 이기거나 고득점을 얻기 위해서는 단계별로 전략을 세우고 달성해야 한다. 이 과정에서 우리는 집행 기능을 집중적으로 이용하게 된다. 게임을 하면 집행 기능이 좋아질 것이라는 기대가 무리가 아니다. 실제로 여러 해외 연구를 통해 비디오 게임을 하면 주의력과 전략적 사고 능력, 인지 조절 능력이 향상된다는 것이 증명되었다. 지금도 이 주제에 관한 연구 수가 점차 증가하는 추세다. 그렇다고 모든 게임

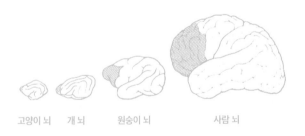

| 고양이 뇌 | 개 뇌 | 원숭이 뇌 | 사람 뇌 |

동물과 차별화된 인간의 전전두피질(전두엽). 인간은 다른 동물에 비해 전두엽이 크고 발달되어 있다고 하며, 그렇기 때문에 집행 기능은 인간이 다른 동물과 구별되는 중요한 특징 중 하나로 꼽히기도 한다. 최근 연구는 전두엽의 크기가 아니라 인간의 전두엽이 다른 뇌엽들과 더 많이 연결되어 있기 때문에 집행 기능이 발달한 것이라고 보고하기도 했다.

2 인지 회복 | 게임이 치매를 막을 수 있을까

이 고차원적인 인지 과정을 동원하는 것은 아니다. 손가락만 까딱거리는 단순한 게임은 시간 낭비처럼 보이기도 한다. 모든 일이 그렇듯 게임 역시 일장일단長一短이 있다. 그러나 불안한 심리는 단점을 부각시키고 장점을 과소평가하도록 유도한다. 일부 게임은 분명 우리에게 도움이 되는 요소를 가지고 있음에도 불구하고 일반적으로 게임에 대한 부정적인 시각이 더 주목을 받는 것도 같은 이유에서다. 장점과 단점을 충분히 이해한다면 건설적인 대안과 가이드라인을 제시하면서 많은 것을 누릴 수 있다. 과연 게임을 했을 때 머리가 어떻게 좋아지는지, 이러한 주장은 어디까지가 진실인지 과학적 연구들을 면밀히 살펴보는 과정이 필요하다.

내 머릿속의 관리자

넓은 의미에서 집행 기능은 주의, 기억, 감각 기능 등 인지 과정을 통제하는 능력을 지칭한다. '목표 지향적인 활동'이라는 말이 거창하게 들리지만 집행 기능은 기계적으로 하는 일이나 익숙하고 쉬운 일을 제외하고, 생각을 하면서 또는 의지적으로(비반사적으로) 하는 모든 일에 사용된다고 볼 수 있다. 베이킹을 예로 들면, 맛있는 쿠키를 만들기 위해 레시피의 순서를 지키는 것은 매우 중요하다. 또한 버터가 녹는 것을 방지하기 위해서는 실온에서 반죽을 두는 시간을 최소화해야 하는데, 언제 오븐을 켜 예열을 시작하면 반죽이 차갑게 유지될지 고민하는 데 사용된다. 다시 말해 집행 기능은 목표를 달성하기 위한 전략적인 사고와 단계별로 필요한 행동은 하되 불필요한 일은 하지 않도록 인지를 조절하는 기능이다.

집행 기능은 사고, 신체 움직임과 사회성에까지도 영향을 준다. 예를 들어 조현병 환자들에 대한 연구는 환자들의 집행 기능이 향상되면 사회성 또한 좋아질 것이라고 기대하기도 한다. 여기서 주목할 점은 게임을 하는 것이 단지 인지 조절이나 전략적 사고 외에도 관련된 여러 측면에 영향을 미칠 가능성이 있다는 것이다. 게임 이용자가 증가함에 따라 그 효과에 대한 궁금증이 증가하고 과학적 근거 또한 다방면으로 제시되고 있다. 앞으로 인지 조절 능력과 전략적 사고 능력이 게임을 통해 어떠한 영향을 받는지 다양한 인지과학 연구 사례를 기반으로 설명하고자 한다.

게임이 집행 기능에 어떤 단일한 영향을 미친다고 명료하게 말할 수 있다면 좋겠지만, 집행 기능이 부분적으로 손상되는 병리적 현상, 하위 기능들의 발달이 동시적이지 않고 순차적이라는 발달심리학 관점 등을 통해 집행 기능이 하위 구성 요소로 분리되는 포괄적 기능이라는 것을 알 수 있다. 집행 기능을 구성하는 요소마다 게임으로부터 서로 다른 영향을 받을 수 있기 때문에 게임이 집행 기능에 어떠한 영향을 준다고 단언하기 어렵다.

관리자의 팀워크

집행 기능은 단일한 기능이 아니라 여러 하위 기능으로 구성되어 마치
한 팀을 이루는 개념이다. 일반적으로 집행 기능은 억제 기능, 작업 기
억, 전환 기능의 세 가지 요소로 구분된다.

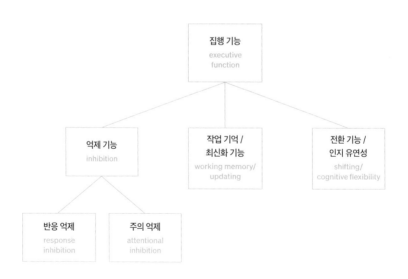

세 가지 요소 모델에 따른 집행 기능의 하위 구성 요소

억제 기능은 외부에서 일어나는 어떤 일에 대해 반사적으로 일어나는 반응이나 습관적인 반응, 또는 익숙한 반응을 멈추거나, 눈에 띄게 두드러지는 방해 자극에 주의가 집중되는 것을 제어하여 스스로를 통제하는 기능이다. 이것을 각각 반응 억제response inhibition와 주의 억제attentional inhibition라고 부른다. 주의 억제 기능은 해야 할 일과 상관없는 방해 자극이 제시되었을 때 필요한 정보에만 집중하는 능력을, 반응 억제는 나도 모르게 외부 자극에 대해 반사적으로 유발되는 행동이 내 목표와 상충했을 때 멈추게 하는 능력을 말한다. 억제 기능은 넓게는 목표를 위해 행동을 실행하는 것을 포함한다. 억제 기능이 손상된 사람은 불필요한 행동을 반복하는 모습을 보이거나, 행동이 필요한 시점에 가만히 있는 모습을 보일 수 있다.

업데이트 기능updating은 머릿속에 새로운 정보를 입력, 유지하고 더 이상 필요하지 않은 정보를 삭제하는 기능이다. 당장 하고 있는 일에 필요한 정보를 저장하는 기억 공간을 작업 기억working memory이라고 부른다. 작업 기억은 용량에 제한이 있기 때문에 정해진 개수의 정보만을 담을 수 있으며, 더 이상 필요하지 않은 정보는 삭제하고 신규 정보로 대체한다.

마지막으로 전환 기능shifting 또는 인지 유연성cognitive flexibility은 두 개 이상의 일을 번갈아 할 때 각 일에 필요한 도구(인지 기능)와 내용(정보)을 해당되는 일에 따라 바꾸는 것을 말한다. 일의 목적에 따라 A

2 인지 회복 | 게임이 치매를 막을 수 있을까

도구를 정리하고 B 도구를 사용할 준비를 해야 하는데, 이 과정에는 시간이 걸린다. 이 준비 시간을 전환 시간shifting cost이라고 하며, 하나의 일을 할 때보다 여러 과제를 할 때 더 긴 전환 시간이 걸린다. 전환 기능이 뛰어나다는 것은 전환 시간이 짧다는 것을 의미한다.

앞서 살펴본 집행 기능의 구성 요소인 억제 능력, 업데이트 능력, 전환 능력은 각각 게임과 독특하고 고유한 관계를 맺는다.

집행 기능의 학습 도구가 된 게임

심리학자 아키라 미야케Akira Miyake와 나오미 P. 프리드먼Naomi P. Friedman에 의해 집행 기능의 세 요소는 서로 연관되어 있는 동시에 분리될 수 있는 독특한 속성을 갖는다는 것이 알려졌다. 또한 이 세 요소는 논리적 사고를 이용해 다음 순서를 예측하는 추론 능력, 여러 요소의 공통점을 찾아내고 종합하는 개념화 능력conceptualization과 같은 지적 활동의 토대가 되므로 전략적 사고와 행동, 인지 조절에 근본적인 요소가 된다. 여러 과학 연구에서는 게임을 이용하면 앞서 나열한 집행 기능 요소마다 긍정적인 영향을 받을 수 있다고 주장한다. 게임이 이로울 수 있는 이유는 크게 세 가지로 나누어볼 수 있다.

먼저 게임을 하는 짧은 시간 동안에는 목표 지향적인 행동을 집중적으로 수행하게 된다. 무엇이든 여러 번 반복하다 보면 실력이 느는 법이다. 우리는 이 과정을 '학습'이라고 부른다. 중요한 내용은 게임마다 이기기 위해 발휘해야 하는 능력이 다르다는 데 있다. 따라서 어떤 게임을 하느냐에 따라 영향을 받고 학습되는 인지 기능이 다를 수밖에 없다.

게임은 플레이어의 활동에 대해 즉각적인 피드백을 제공한다. 예를 들어서 DDR 같은 게임의 경우에는 방향키를 정확한 때에 누르지 않으면 "Miss!(놓침)"와 같은 메시지가, 정확히 맞췄을 경우에는 "Combo!"라는 메시지가 화면에 나타난다. 따라서 플레이어는 그에 맞추어 음악과 같은 게임상의 자극에 다시 집중하고, 조금 더 빨리 방향키를 누르는 등 자신의 활동을 개선하게 된다. 이러한 과정은 감각 정보 처리부터 자기반성적 사고이자 자기 행동에 대해 반추하는 메타인지metacognition 능력까지 광범위한 인지 과정을 동원하고, 상황에 맞는 적절한 인지 기능을 활성화하는 조절 기회를 제공한다.

게임은 학습 기회를 마련하기 때문에 인지적으로 유익하다는 연구 결과가 있다. 모든 게임은 고유한 서사와 플레이 모드를 가지고, 각 게임을 플레이하는 플랫폼(컴퓨터, 플레이스테이션, 모바일 등)이 있다. 이러한 다양성은 게임 이용자로 하여금 끊임없이 학습하게 한다. 예를 들어 한 연구에서는 노인 집단이 게임을 하기 위해 컴퓨터 사용법을 익히는 중에 인지 활성화에 도움을 받았을 가능성이 제기되기도 하였다.

이와 같이 게임 장르는 다방면에서 집행 기능에 영향을 미칠 수 있으며 집행 기능을 구성하는 세 요소는 게임으로부터 서로 다른 영향을 받는다는 것이 지금까지 여러 과학적 근거를 통해 밝혀졌다.

멀티태스킹 능력의 비밀, 전환 능력

여러 일을 저글링하는 전환 능력

하나뿐인 몸을 가진 우리가 여러 가지 일을 그야말로 동시에 해내는 것은 물리적으로 불가능한 일이다. 사실 멀티태스킹은 동시에 여러 일을 해내는 것이 아니라 여러 가지 일을 짧은 시간을 두고 번갈아 가면서 하는 것을 말한다. 많은 일을 할 때는 한 가지에서 다른 것으로 이동할 때마다 인지적으로 준비하는 과정이 필요한데, 전략 게임과 액션 게임을 한 후에는 이 과정이 더 원활하게 이루어진다.

어려운 일을 하다가 쉬운 일을 하게 되면 기분이 환기되고 어쩐지 기분이 더 좋아지는 경험을 해본 적이 있을 것이다. 어려운 일을 하다가 쉬운 일을 하는 것보다 쉬운 일에서 어려운 일로 넘어가는 것이 더 어렵기 때문이다. 놀랍게도 게임을 하면 일의 난이도와 상관없이 여러 과제 간을 더 수월하게 오갈 수 있다.

전환 능력을 키워주는 액션 게임

2012년 독일 루트비히 막시밀리안 대학교Ludwig Maximilians Universität에서 액션 게임과 퍼즐 게임이 대학생에게 미치는 영향을 연구하여 액션 게임을 하면 일의 난이도와 상관없이 여러 과제 간을 더 용이하게 전환할 수 있음을 밝혔다. 연구자들은 게임을 하지 않는 대학생을 모집해 쉬운 과제와 어려운 과제를 각각 하게 하고, 두 과제에 대한 개인의 능력을 측정한 후 참여자를 세 집단으로 나누었다. 첫 번째 그룹에게는 한 달 동안 액션 게임을, 두 번째 그룹에게는 퍼즐 게임을 하게 하고, 세 번째 그룹에게는 아무런 게임도 하지 못하게 했다. 한 달 후에 세 그룹의 전환 능력을 측정한 결과, 쉬운 과제든 어려운 과제든 한 가지 일만 할 때에는 게임을 한 그룹과 하지 않는 그룹 간 차이가 없었다. 그러나 쉬운 과제를 하다가 어려운 과제로 바꾸도록 지시했을 때에는 한 달 동안 액션 게임을 한 그룹이 퍼즐 게임을 이용한 그룹보다 더 잘 전환하는 모습을 보였다. 게임을 하지 않은 세 번째 그룹과 비교했을 때도 액션 게임을 이용한 그룹이 어려운 과제로 더 빨리 전환할 수 있었다. 게임을 이용하지 않은 세 번째 그룹은 어려운 과제에서 쉬운 과제로 변경할 때 더 오랜 시간이 걸렸다. 반면 액션 게임을 한 집단은 양 과제 간 오가는 시간에 큰 차이가 없었다.

이 연구가 제시하는 것은 액션 게임을 하면 전환 능력이 발달해 쉬운 일에서 어려운 일로 이동하는 것에 능해진다는 것이다. 한 가지 일에 익숙해지면 해당 과제에 대해 인지 상태가 최적화한다. 액션 게임 이용자들은 하나의 일에 최적화한 인지 상태를 더 빨리 철회할 수 있거나, 과제를 하기 위해 필요한 정보를 머릿속에 표상task representation하는 정도가 비이용자보다 약하기 때문이다. 다시 말해, 사용했던 도구를 더 빨리 수거할 수 있거나 과제 난이도와 상관없이 더 적은 도구를 늘어 놓기 때문에 난이도에 큰 영향을 받지 않고 빠르게 다른 일로 전환하기 때문이다.

플레이 관점과는 무관한 전환 능력

2015년 폴란드 과학아카데미 심리학과Institute of Psychology, Polish Academy of Sciences에서도 전략 게임과 액션 게임이 전환 기능에 미치는 영향을 고찰한 연구가 이루어졌다. 연구자들은 특별히 게임 플레이 관점(자기중심적 관점과 타인 중심적 관점)에 따라 전환 능력에 차별적으로 영향을 받을 수 있는지 연구했다. 1인칭 소설과 3인칭 소설을 읽을 때의 차이처럼, 자기중심적 관점egocentric 게임에서 플레이어는 자신이 조종하는 캐릭터의 시야를 통해서만 주변을 탐색할 수 있지만, 타인 중심적 관점allocentric 게임에서는 전지적 시점에서 정보를 얻을 수 있었다. 폴란드 연구진은 플레이 관점에 따라 플레이어가 활용할 수 있는 정보량이 달라지고, 그로 인해 전환 기능을 변화시키는 정도에 차이가 있을 것이라 가정하고 연구에 들어갔다.

연구 결과, 각 게임의 주 이용자 집단과 게임 비이용자를 비교해 보니 두 가지 게임 이용자 모두 비이용자에 비하여 전환 능력이 훨씬 뛰어났다. 한편 연구자들의 예측과 달리 자기중심적 관점 게임과 타인 중심적 관점 게임 효과를 비교했을 때는 큰 차이가 발견되지 않았다. 타인 중심적 관점을 이용한 전략 게임이 조금 더 높은 전환 능력을 이끌어내는 경향이 있지만 크게 의미 있는 정도는 아니었다. 즉 전략 게임과 액션 게임은 플레이 관점과 상관없이 전환 능력을 발달시켰다.

일찍 게임할수록 전환 능력 발달에 유리

게임을 시작하는 나이가 어릴수록 전환 능력이 더 많이 발전한다는 것이 2016년 싱가포르 경영대학교 사회과학대학School of Social Sciences,

Singapore Management University의 연구를 통해 증명되었다. 연구진은 전략 게임이나 액션 게임을 각각 12세 이전에 시작한 조기 시작 집단과 12세 이후에 시작한 후기 시작 집단을 모집해 이들의 전환 기능을 미이용자와 비교했다.

과제 A → 과제 B → 과제 A → 과제 A → 과제 B → 과제 B

전환 과제의 Mixed Block에서의 반응.
검정 화살표 = 믹싱 코스트, 녹색 화살표 = 스위칭 코스트가 발생하는 구간

세 집단에게 도형의 이름을 말하는 과제 A와 도형의 색깔을 말하는 과제 B를 단독으로 1회씩 제시하고, 그다음에는 랜덤하게 섞어서 하게 했다. 일반적으로 A와 B가 섞여 있는 과제에서는 믹싱 코스트 mixing cost와 스위칭 코스트 switching cost가 발생한다. 여러 가지 일을 번갈아 가면서 할 때는 한 가지에서 다른 일로 전환할 때 사람마다 일정한 시간(스위칭 코스트)이 걸리고, 같은 일을 반복하는 순간에도 한 가지 일에 온전히 집중할 때보다 더 오랜 시간(믹싱 코스트)이 걸린다.

그러나 연구 결과에 따르면 평소 게임을 하는 사람은 게임 종류나 시작한 나이와 상관없이 게임을 하지 않는 사람에 비해 믹싱 코스트가

더 작았다. 일반적으로 여러 가지 일을 할 때면 한 가지 일에만 집중할 때에 비해 집중력cognitive control이 떨어지지만, 게임을 하면 여러 가지 일을 할 때에도 집중력 유지sustained cognitive control에 도움이 되었다.

나아가 게임을 더 어린 나이에 시작한 그룹은 늦게 시작한 그룹과 비이용자 그룹에 비해 스위칭 코스트가 더 작았다. 쉽게 말해 머릿속에서 저글링을 더 잘한 것인데, 더 어린 나이에 게임을 접한 경우에 뇌신경 가소성으로 인해, 또는 더 장기적인 이용으로 인해 순간적인 인지 통제 기능이 필요할 때 추가적인 이점이 발생했기 때문으로 보인다.

많은 일을 저글링하는 모습. 우리는 한 가지 일에만 온전히 집중할 때도 있지만, 흔히 여러 가지 일을 번갈아가면서 한다.
출처: SHUTTERSTOCK

필요한 곳에만 주의력을 쏟는 능력도 쑥쑥

과제 A에서 B로 전환하는 상황을 생각해 보면 한때 필요했던 정보가 전환 후에는 불필요한 방해 요소가 될 수 있다. 불필요한 정보로부터 방해받지 않도록 노력하고, 주의력을 필요한 곳에만 쏟아야 더 쉽게 여러 가지 일을 저글링할 수 있다.

캐나다의 맥마스터 대학McMaster University에서는 게임이 방해 요소를 해결하는 능력resistance to proactive interference과 필요한 곳으로 주의력을 돌릴 수 있는 능력 중 어느 것을 변화시키는지 분별하고자 했다. 이를 구분하기 위해 연구진은 보다 극단적인 집단을 테스트 집단으로 선정했다. 이 연구팀은 프로 게이머들과 게임 비이용자들 사이에 인지적으로 어떠한 차이가 있는지 탐구했는데, 특별히 과제 전환 능력에 초점을 맞춰 두 그룹 간 차이를 분석했다. 연구 결과에 따르면 액션 게임을 장기간 이용할 경우 집중을 방해하는 요소를 해결하는 능력보다 필요한 곳에 주의를 돌릴 수 있는 전환 기능이 향상되고, 전체적인 전환 기능도 더 뛰어난 수행력을 보이게 된다. 게임을 통한 주의 조절 효과는 퍼즐 게임을 이용한 연구에서도 발견되어 전환 기능은 액션 게임 외의 다른 장르 게임을 할 때에도 긍정적인 영향을 받을 여지가 있다는 것이 알려졌다.

지금까지 액션 게임과 전략 게임이 전환 기능에 미치는 긍정적인 영향을 살펴보았다. 퍼즐 게임 또한 이러한 긍정적인 효과가 있다고 알려졌다. 그렇다면 다른 장르의 게임은 어떨까? 이러한 효과가 관찰되지 않은 한 게임 장르는 엑서 게임이다. 연구에 따르면 몸을 사용하는 엑서 게임을 이용한 후에는 전환 기능 증진 효과가 관찰되지 않았다. 한 연구는 엑서 게임이 전환 기능에 좋은 영향을 미칠 것이라고 예상했지만 그 가설을 증명하지 못했다. 경도 인지 장애 노인 집단과 자폐 스펙트럼 장애 아동 집단에게 엑서 게임을 하게 한 후 게임 전과 후의 집행 기능을 비교했으나 전환 기능이 개선되는 효과가 나타나지 않은 것이다. 이 연구를 자세히 읽어보면 신체 활동에 집중된 엑서 게임이 집행 기능을 직접적으로 동원하지 않기 때문에 이러한 결과가 나타난 것으로 이해할 수 있다. 역으로 액션 게임과 전략 게임 그리고 일부 퍼즐 게임이 집행 기능을 직접적이고 활발하게 활용하는 것이다.

이렇듯 게임의 좋은 효과나 나쁜 효과를 발견하지 못한 연구들이 시사하는 바는 게임을 함으로써 모든 기능에 좋은 효과를 누릴 수는 없다는 점이다. 중요한 것은 게임을 통해 내가 어떤 행동을 하고 있는지, 내가 하고자 하는 게임이 어떤 기능과 관련 있는지 스스로 분석을 가미하는 것이다.

충동을 참을 수 있어, 억제

Go와 Stop을 조절하는 억제 능력

억제 기능은 우리의 인지 기능이 '나대지' 않도록 자제하는 기능이다. '억제'라는 단어는 자기 통제력을 연상케 한다. 억제 기능은 '주의 억제'와 '반응 억제'로 나뉘며 각각 불필요한 곳에 주의가 가는 것이나 의도하지 않은 반사적인 반응을 멈추는 기능을 지칭한다. 필요한 순간에 행동력을 발휘하는 것 또한 미덕일 터. 억제 기능은 반응이나 욕구에 대한 통제력뿐 아니라 필요한 순간에 재빨리 행동할 수 있는 능력과도 관련이 깊다. 다수의 연구를 통해 액션 게임 이용자가 필요할 때 더 빨리 행동을 취할 수 있다는 것이 밝혀졌다. 반응 억제 측면에서 게임 이용자가 자극에 대한 반응 억제를 해제하는 속도가 빠른 것 또한 게임 비이용자보다 행동 실행력이 더 뛰어나기 때문이다.

액션 게임은 충동성을 자극하는가

반응을 더 빠르게 한다는 것이 더 충동적이라는 의미일까? 게임에 대해 가질 수 있는 흔한 부정적인 인식 중 하나가 충동성이다.

〈후르츠 닌자Fruit Ninja〉라는 모바일 액션 게임에서는 과일과 폭탄이 랜덤으로 화면에 등장하는데, 플레이어는 화면을 터치해 과일을 잘라야 한다. 자르지 못한 과일이 세 개 이상이면 게임에서 지기 때문에 재빨리 과일을 잘라야 하지만, 과일이 아닌 폭탄을 건드리면 게임이 끝나기 때문에 폭탄이 튀어 올라올 땐 즉시 손가락을 멈춰야 한다. 게임 방식만 보면 게임 이용자들, 그중에서도 액션 게임과 같은 빠르고 정확한 반응을 동원하는 게임 이용자들이 더욱 높은 반응 억제 능력을 갖고 있을 것이라 생각할 수 있다. 그러나 〈후르츠 닌자〉를 이용한 연구에 따르면 액션 게임 이용자와 비이용자의 억제 능력에는 차이가 없었다. 다시 말해, 액션 게임 이용자가 게임 비이용자보다 더 충동적이지 않았다. 염려했던 것과 달리 반응 억제에 관한 많은 연구는 액션 게임이 반응 억제나 충동성과 관련이 없는 것으로 나타난 것이다.

한 수 앞을 내다보는 '행동 억제 기능'

누군가가 게임하는 장면을 유심히 관찰해 보면 오히려 액션 게임을 함으로써 반응 억제 능력이 더 증진되는 것은 아닌가 하는 생각이 들기도 한다. 실제로 게임은 충동성과 관련이 없지만, 일부 게임 장르는 행동 제어에 긍정적인 영향을 주기도 한다. 퍼즐 게임을 이용한 사람들에게는 억제 기능이 증진된다는 연구가 보고된바 있다. 정신 병력이 있거나 인지 장애를 앓고 있지 않는 성인이 퍼즐 게임, 액션 게임, 전략 게임 중 한 가지를 했을 때 퍼즐 게임을 한 집단에서는 행동을 순간적으로 중지하는 능력이 높게 나타났지만, 액션 게임과 전략 게임을 한 사람들은 게임을 하지 않는 사람과 차이가 없었다. 빠른 행동을 요구하는 게임들과는 달리 퍼즐 게임은 행동에 앞서 깊은 생각과 그에 대한 반추를 요구하기 때문에 필요할 때 행동을 제어하는 기능이 발달하는 것으로 보인다.

행동 억제 기능에서의 게임 효과는 청년 집단뿐 아니라 노인 집단에게도 발견됐다. 2016년 크로아티아의 자그레브 대학교 심리학과 Department of Psychology, University of Zagreb 연구원은 노인 연구 참여자를 카드 게임Belote 이용자, 단순한 주사위 게임Ludo 이용자, 게임 비이용자의 세 그룹으로 분류하고 각 그룹으로부터 행동을 억제하는 능력을 비교했다. 한 달 후 게임 난이도와 상관없이 게임을 한 집단의 억제 기능

　　　　　　　2 인지 회복 | 게임이 치매를 막을 수 있을까

은 아무것도 하지 않은 그룹보다 높아진 것이 확인됐다. 〈블롯Belote〉이라는 카드 게임은 많은 카드를 빨리 제시하기보다 다른 플레이어가 지닌 카드를 예측하고 자기 차례까지 기다렸다가 준비한 카드를 제시하는 게임이다. 퍼즐 게임에서 행동 억제 기능이 향상된 것과 유사한 현상으로 보인다. 숙고하는 과정이 필요한 게임은 나도 모르게 순간적으로 반응하려 할 때 그것들을 한 번 더 조절할 수 있는 능력을 길러준다.

필요한 정보에만 주의력을 집중하는 주의 억제

억제 기능의 또 다른 측면은 필요한 정보에만 주의력을 할당하는 주의 억제이다. 수많은 자극을 재빠르게 활용하는 액션 게임이나 전략 게임 이용자가 게임을 하지 않는 사람들보다 여러 가지 헷갈리는 자극을 구별해 내는 능력이 더 뛰어나다는 연구 결과가 있다. 다양한 정보를 담은 물체가 한 가지 또는 여러 개가 한 번에 제시되는 헷갈리는 상황에서 필요한 정보만을 추출해 반응할 수 있는 능력은 액션 게임, 액서 게임, 전략 게임 등 빠른 반응을 요구하는 게임 이용을 통해 발달할 수 있다. 목적에 따라 전략적으로 행동하기 위해 반응과 감각에 대한 주의력을 조절하는 능력이 여러 장르의 게임을 통해 함양될 수 있는 것이다.

　액션 게임, 전략 게임 등 빠른 게임을 처음 해보는 초보자들은 처음에는 게임상에서 무작위적으로 행동하지만, 플레이를 통해 동원되는 인지 기능을 반복 학습하다 보면 이기는 데 도움이 되는 정보에 선택적으로 주의를 기울일 수 있으며, 행동을 시작하는 '잠금 해제' 능력을 기르는 데 도움이 되기도 한다. 나아가 퍼즐 게임과 같이 숙고를 필요로 하는 게임을 통해 억제 기능을 기를 수 있다.

위 <후르츠 닌자> 플레이 화면.
출처: Google Play, Fruit Ninja Classic

아래 빠른 행동보다는 정확하고 계산된 행동이 중요한 카드 게임
출처: SHUTTERSTOCK

근면한 실무자, 작업 기억

인지 활동 효율을 높여주는 작업 기억

작업 기억은 일을 원활하게 할 수 있도록 필요한 정보를 임시 저장해 두는 임시 '즐겨 찾기' 공간으로, 종종 컴퓨터의 램RAM에 비유되곤 한다. 하지만 이 즐겨 찾기 공간은 용량 제한이 있기에 새로운 정보가 들어와 기존의 것을 대체한다. 작업 기억 능력이 향상되면 불필요한 정보를 신속하게 대체하고 더 많은 정보를 보관할 수 있기 때문에 인지 활동 효율이 증가한다. 게임이 작업 기억에 변화를 줄 수 있을까?

2017년 자그레브 대학교University of Zagreb에서는 연구에 참여한 노인을 세 그룹으로 나누고, 한 그룹은 단순한 주사위 게임을, 한 그룹은 어려운 카드 게임을 하게 했다. 그리고 남은 한 그룹은 아무런 게임도 하지 못하게 했다. 연구진은 각 그룹에게 게임 참여 정도에 차이를 주고 게임 전과 후의 작업 기억 능력을 비교하였으며, 4개월 뒤에도 작업 기억 변화 효과가 지속되는지도 관찰했다. 게임 후 작업 기억 점수를 측정한 결과, 어려운 게임을 했든 쉬운 게임을 했든 게임을 한 집단은 하지 않은 집단에 비해 작업 기억 점수가 높았다. 쉬운 게임을 한 집단에 비해 어려운 게임을 한 집단의 작업 기억 점수가 더 많이 향상되었는데, 4개월 후에도 효과가 지속됐다. 이 연구를 통해 주사위를 던져 말을 움직이는 단순한 게임이더라도 아무런 활동을 하지 않는 것에 비해 인지 자극 효과가 있다는 사실이 증명됐다. 또한 더 많은 정보를 기억하고 생각을 유도하는 카드 게임은 작업 기억을 더 많이 활성화하기도 했다. 작업 기억력을 학습으로 향상시킬 수 있다는 의미다.

장르 불문! 작업 기억을 활성화하는 게임

작업 기억은 당장에 하는 일과 관련된 정보를 담고 있을 뿐 아니라 실제로 정보를 가공하는 역할을 담당한다. 우리가 열심히 생각할 때 작업 기억은 부지런히 굴러간다. 머리를 쓰는 게임은 작업 기억을 단련시킨다. 건강한 노인에게 전략 게임을 하게 한 후 게임을 하지 않은 통제 집단과 비교해 집행 기능을 다방면에서 측정했다. 그 결과 기억력과 관련된 과제에서는 게임 후에 큰 변화를 보이지 않았으나, 정보를 머릿속에서 가공하는 등 복잡한 인지 활동이 요구될 때는 게임 이용자가 비이용자에 비해 뛰어났다. 즉 게임을 통해 기억력이 아니라 기억 저장소 내 콘텐츠를 사용하는 능력을 발전시킬 수 있다고 할 수 있다. 끊임없이 기존의 정보를 새로운 것으로 대체하고 기억하며 활용하기를 요구하는 게임은 장르를 불문하고 작업 기억을 활성화하고 유익한 영향을 미치는 유력한 매개 요인이다.

똑똑한 관리자의 끝판왕, 추론과 개념화

게임으로 단련되는 분석 능력

집행 기능은 추론reasoning, 의사 결정decision making, 문제 해결 능력 problem solving의 기반이 되는 기초 능력이다. 이와 같이 추상적이고 의지적이며 독창적인 사고를 하는 것을 '고위 인지 기능'이라고 한다.

과연 게임을 통해 이런 고위 인지 기능을 향상시킬 수 있을까? 미국의 한 심리학 연구팀은 의사 결정이나 판단력, 문제 해결, 위험 부담 risk taking에 미치는 비디오 게임의 영향을 연구했다. 대학생 228명은 각자 30분간 액션 게임을 하고 나서 인지 기능 측정 도구인 아이오와 도박 과제Iowa Gambling Task와 풍선 아날로그 위험 과제Balloon Analogue Risk Task를 수행한다. 두 과제는 참여자가 자신에게 유리한 선택을 내리기 위해 감당할 수 있는 위험 부담 정도와, 그들이 얼마나 빨리 유리한 결정을 내릴 수 있는지 측정하는 인지 검사 도구이다. 이후 게임을 하지 않은 그룹과의 전후 점수를 비교했을 때 결과는 놀라웠다. 30분이라는 비교적 짧은 시간 동안만 게임을 했음에도 불구하고, 게임을 한 참여자들은 의사 결정과 문제 해결 능력에서 유의한 향상을 보였다. 이들은 자기에게 주어진 두 가지 선택지의 장단점을 보다 빠르게 분석했고, 유리한 조건good deck을 더 빨리 골라냈다. 다만 게임을 하거나 하지 않은 두 집단 모두 위험 부담 행동 정도에는 큰 차이가 없었다. 즉 게임을 함으로써 환경 변화를 더 빨리 배우고 변화한 환경에 더 빨리 적응했지만, 이러한 학습과 적응이 충동적이거나 위험을 감수하는 행동으로 이어지지 않았다는 의미이다. 단 30분 동안의 게임이 이처럼 현저한 문제 해결 능력의 향상을 불러일으킨 것이다.

원리와 규칙을 간파하는 능력

한편 중국에서는 보다 낮은 연령대를 대상으로 비슷한 연구를 진행하기도 했다. 날아오는 과일과 폭탄 중 과일만 베어야 하는 게임인 〈후르츠 닌자〉를 미취학 아동들에게 3주 동안 하게 했을 때, 이 게임을 한 아동은 게임 없이 태블릿 색칠 공부를 한 아동에 비해 추론 능력이 더 많이 향상된 것으로 관찰되었다. 게임 내 폭탄에 대해 억제 반응을 보임으로써 억제 기능을 지속적으로 훈련한 아동들은 추론 능력이 함께 발달된 것이다. 이 연구를 통해 억제 기능과 추론 기능 발달에 상관관계가 있다는 점이 밝혀졌고, '레이븐 매트릭스 검사_{Raven's Progressive Matrices, RPM}'를 통해 게임을 한 아동이 게임을 하지 않은 아동보다 집행 기능 전반과 추론 능력이 뛰어나다는 점 역시 보고되었다. 단, 이는 〈후르츠 닌자〉 같은 특정 게임만의 영향이라기보다는 게임 자체가 가진 고유한 속성 때문일 확률이 크다.

모든 게임은 규칙이 있으며, 숙련되기 전까지 이러한 규칙을 이용자가 익히기 위해 게임 패턴을 학습해야 한다. 게임을 하는 그 자체가 게임 내부 규칙을 추론하고 숙지하는 능력을 발달시킨다고 볼 수 있다. 이러한 속성으로 인하여 규칙을 파악하고 추론하는 능력을 측정하는 RPM 과제에서 게임을 한 아동들이 더 높은 점수를 받았을 확률이 높다.

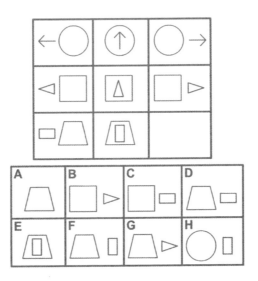

레이븐 매트릭스 검사 예시

출처: kurzweilai.net

게임은 정교한 디렉터

아동기는 인지 기능이 급속으로 발달하는 중요한 시기이며, 집행 기능
발달에는 왕성한 신체 활동이 큰 도움이 되는 것으로 알려져 있다. 그
렇다면 운동과 게임 중 어느 것이 더 아동 인지 기능 발달에 도움이 될
까? 어쩌면 운동과 게임을 합칠 수도 있지 않을까? 엑서 게임은 운동을
대체한 게임으로서 활발한 신체와 인지적 활동을 유도하여 집행 기능

활성화에 도움을 준다. 게임으로부터 자신의 행동에 대한 피드백을 얻으며, 동시에 그 피드백을 자신의 행동 수정에 반영하여 스스로의 인지 기능을 훈련할 수 있기 때문이다.

아동 참여자들을 네 그룹으로 나누어 진행한 엑서 게임 연구가 있다. A그룹에게는 고강도 신체 활동과 고강도 인지 활동을 요구하는 액서 게임을, B그룹에게는 고강도 신체 활동과 저강도 인지 활동을 요구하는 가상 현실 달리기를, C그룹에게는 저강도 신체 활동과 고강도 인지 활동을 요구하는 앉아서 즐기는 액션 게임을, D그룹에게는 저강도 신체 활동과 저강도 인지 활동으로 충분한 비디오 시청을 하게 했다. 그 결과 엑서 게임인 가상 현실 달리기를 수행한 B그룹 아동들에게서만 집행 기능 증진 효과가 관찰됐다. 결국 아동 집행 기능 발달에는 신체 활동이 가장 중요한 셈이다. B그룹은 주어진 조건에서 달리기 게임을 하는 동안 조깅 패드jogging pad를 벗어나지 않도록 스스로 모니터링하고 자세를 교정해야 했기 때문에 연구자들의 의도와 달리 인지적인 부담이 큰 그룹이기도 했다. 따라서 신체 활동만이 집행 기능 증진에 영향을 줬다기보다는 어느 정도의 인지 활동이 수반된 복합적인 결과라고 해석할 수 있다. 이 연구는 새로운 기술 사용법을 익혀야 하는 게임의 특성과, 신체 활동에 대한 피드백을 받고 반영하는 운동 과정이라는 두 요소가 복합적으로 얽혀 있는 엑서 게임의 중요성을 주지시키는 예다.

환자를 위한 게임

정신의학적 측면에서 게임의 의의

사람은 육체적으로 상처를 입기도 하지만, 인지 손상에도 빈번하게 노출된다. 대부분의 인지 손상은 한 가지의 기능만 선택적으로 손상되기보다는 다른 기능으로 그 손상의 영향이 퍼지는 경우가 많다. 게임이 정상적인 인지 기능 향상을 도모한다면 저하된 인지 기능 역시 개선할 수 있을까? 정신의학과 인지 치료 측면에서 게임이 가질 수 있는 의의는 과연 무엇일까?

독일의 정신의학 전문가와 연구팀은 최근 액션 게임을 통해 우울증 환자들의 인지 속도와 정확도를 상당 부분 향상시켰다고 보고하였다. 우울증은 감정적 증상 외에도 대개 인지 저하와 반응 속도 저하 증상을 동반하는데, 연구진은 이러한 증상을 보이는 우울증 환자들에게 6주 동안 주 2~3회 액션 게임을 하게 했다. 6주 후 인지 검사를 시행한 결과, 게임 처치를 받은 그룹은 게임을 하지 않은 그룹에 비해 인지 속도가 확연히 향상되었다. 특히 시공간 인지 기능 및 기억력에 비해 집행 기능이 눈에 띄게 향상되었으며, 환자들 스스로도 인지 처리 속도가 빨라진 것은 물론이고 지나친 사고를 하는 경향 역시 개선되었다.

그렇다면 게임은 행동뿐 아니라 뇌의 신경과학적 기전에도 영향을 미칠 수 있을까? 일본에서는 조현병 환자군에게 3개월 동안 주 2회씩 1시간 동안 액셔 게임을 하게 한 후 게임 전후 환자들의 전두엽을 기능성 근적외선 분광 기법fNIRS으로 관찰하여 기능 변화를 보고자 했다. 기능성 근적외선 분광 기법은 근적외선을 투과시켜 뇌 혈류의 헤모글로빈이 산소를 포화하고 있는 정도를 측정해 뇌의 혈류 흐름을 계측하는 방법이다. 그 결과, 게임을 한 집단과 대조군 간의 행동적 차이는 보이지 않았으나 게임을 한 집단에서 전두엽의 뇌 혈류량이 확연히 증가했다. 행동 수준에서는 관찰되지 못한 게임의 영향이 뇌의 신경화학적 차원에서 이루어지고 있다는 점을 포착할 수 있었던 것이다.

재활 치료에 재미 한 스푼

재활 치료로서의 게임 역시 점점 중요한 위치로 부상하고 있다. 핀란드의 연구진은 오락용 게임과 기능성 게임이 비슷한 정도의 인지 재활 효과를 제공한다고 밝혔다. 외상성 뇌 손상 환자의 재활을 목적으로 선정된 기능성 게임의 효과를 관찰하기 위한 연구는 기능성 게임이 오락용 게임에 비해 더 높은 치료 효과를 지닐 것이라고 예상했으나, 결과적으로는 오락용 게임이 기능성 게임 못지않은 효과를 지닌다는 사실을 발견했다. 이는 다시 말해 임상적 관점에서 게임을 유익한 인지 활동으로 고려할 수 있다는 점을 시사한다.

이스라엘에서는 만성 뇌졸중 환자들이 게임을 통해 신체 움직임을 개선할 수 있다는 연관성을 발견하기도 했다. 연구진은 3개월 동안 엑서 게임을 한 환자군과 기존의 운동 치료 프로그램을 거친 집단을 대상으로 집행 기능의 차이를 비교하였다. 그 결과, 각각 치료 프로그램과 게임 처치에 참여한 집단 모두에게서 집행 기능이 개선되었고, 특히 게임 처치를 받은 집단이 치료 프로그램을 거친 집단보다도 더 높은 개선 효과를 보였다.

이 밖에도 오락용 게임과 훈련용으로 개발된 기능성 게임이 동등한 재활 효과를 지닌다는 점이 여러 차례 증명되면서, 대안적인 치료 방안으로서 게임을 활용할 수 있는 가능성이 지속적으로 논의되고 있다.

기존 인지 재활 치료와 게임이 비슷한 효과를 보인다면, 게임은 재활 치료만큼이나 집행 기능과 전두엽 기능에 긍정적인 영향을 준다고 할 수 있다. 물론 이는 게임이 자체적으로 재활 효과를 지닌다는 뜻은 아니다. 전통적인 재활 치료를 받은 후에 집행 기능과 신체 기능을 부가적으로 자극할 수 있는 대안적 치료 측면에서 유의미하다고 볼 수 있는 것이다.

게임의 가장 큰 장점 중 하나는 치료 도구는 없는 '재미'라는 요소일 것이다. 실제로 오락보다 치료를 목적으로 개발된 '재미없는' 기능성 게임 치료를 처치받은 외상성 뇌 손상 환자들은 오히려 우울감이 증가했다고 보고하기도 했다. 이는 새로운 활동에 대한 거부감으로 인한 우울감으로 해석된다. 재미가 우선인 오락용 게임의 경우, 기능성 게임에 비해 흥미를 유발하는 정도가 높다. 따라서 기능성 게임의 난이도를 적절히 조절하고 더 재미있게 개발한다면 부정적인 정서를 최소화하되 환자들의 자발적인 참여 역시 이끌어낼 수 있을 것으로 기대된다.

스마트한 게임 플레이를 위하여

인지 기능을 자극하고 활발하게 사용하도록 유도

오락용 게임이 인지적으로 유익하다는 사실은 게임을 즐기는 이들에게 반가운 선물 같은 소식일 것이다. 모바일 게임만 가끔 즐기던 내가 온라인 게임을 하게 된 계기 역시 상대방과 더 적극적으로 놀이를 하고 싶다는 생각에서였다. 집행 기능은 목표를 달성하기 위해 인지 기능을 통제하고, 사회성 발달에도 영향을 미친다. 만약 게임을 통해 재미뿐 아니라 집행 기능 역시 증진시킬 수 있다면 게임은 놀이 이상의 가치를 가지게 될 것이다.

게임과 인지에 대한 최근 연구의 대부분은 오락용 비디오 게임이 집행 기능을 향상시킬 수 있다고 주장하고 있다. 반대로 부정적인 영향을 끼친다는 주장은 소수에 불과하다. 물론 게임이 시험 공부에 도움을 주거나 삶에 유익한 정보를 제공하는 매체는 아니다. 그러나 우리가 신체 기능을 증진하기 위해 근육을 키우듯이, 게임은 세상과 상호 작용하고 이해하는 틀인 인지 기능을 다양한 방법으로 자극하고 활발하게 사용하기를 유도한다.

유익한 게임이란?

여러 연구가 공통적으로 강조하는 것은 게임 장르에 따라 영향을 받는 인지 기능이 다르다는 것이다. 퍼즐 게임이나 카드 게임처럼 행동하기 전에 충분히 생각해야 이길 수 있는 게임은 반응 억제 능력을 증가시켜 반사적인 행동을 제어하고, 내가 의도한 대로 행동할 수 있게 한다. 게임 환경 안에서 정보를 빠르게 인지하고 사용하는 장르, 예를 들어 액션 게임과 전략 게임 이용자들은 필요한 정보에 주의력을 집중시키는 능력이 더 뛰어났다. 이러한 액션 게임과 전략 게임은 반응 속도를 빠르게 하고, 행동 실행력을 향상시킨다. 앞으로 우울증과 뇌졸중 등 심리·신경 질환 재활 치료의 한 방법으로 게임을 이용할 수 있게 될지도 모른다. 여러 과제를 빠르게 번갈아 가며 처리할 수 있는 전환 능력은 액션 게임과 전략 게임을 할 때 향상되는 것이 확인됐다. 보통 멀티태스킹, 즉 여러 과제를 동시에 해야 할 때 활성화하는 기능이 바로 이 전환 능력인데, 이 능력은 액션 게임과 전략 게임을 통해서도 향상되었다. 대부분의 게임은 하는 동안 자극과 플레이 상태를 끊임없이 업데이트해야 하는데, 이러한 수행과 관련된 작업 기억 역시 게임을 통해 향상된다는 연구 결과들이 보고되고 있다.

게임 규칙을 습득하는 과정에서 플레이어에게 규칙을 찾는 능력이 길러진다. 이는 추론 능력의 향상으로 이어진다. 또한 게임에서 지고 있는지, 이기고 있는지에 관해 즉각적인 피드백을 받으면서 스스로에게 유리한 방향으로 행동을 끊임없이 수정하는 학습 과정을 거치며, 새로운 기술을 익히고 시연하는 과정에서 메타 인지적 측면도 개선된다. 따라서 새로운 환경을 제공하는, 난이도가 점차적으로 증가하는 게임을 하는 것이 인지 활동에 가장 좋은 자극이 된다.

게임은 플레이어로 하여금 새로운 도전을 하도록 유도하기 때문에 플레이어가 변화에 적응하고 새로운 문제들을 해결하도록 자극한다. 낯선 환경과 기술을 접하는 것 역시 플레이어 자신의 활동에 대한 피드백을 하게 하므로 집행 기능을 포함한 인지 기능이 향상될 여지가 다분하다. 이러한 이점들로 미루어보아 익숙한 게임을 이용할수록 집행 기능에 긍정적인 효과를 기대하기는 어려워진다. 균형 잡힌 집행 기능 증진을 위해 다양한 게임을 즐기되, 익숙한 게임보다는 새로운 게임에 도전해 보는 것이 전략적 사고와 인지 조절 능력을 함양하는 좋은 방법일 것이다.

과유불급, 적정선을 찾는 것이 중요

게임은 학습 기회를 제공하고, 재미 요소와 난이도 조절로 참여 동기를 부여하기 때문에 인지 기능, 특히 집행 기능을 개선하기 위해 활용될 가능성이 높다. 게임 플레이는 장르에 따라 다양한 집행 기능 요소를 동원한다. 자주 사용되는 기능은 선택적이고 국지적으로 발달한다. 게임을 인지 기능 발달에 잘 사용하려면 우선 내가 하는 게임이 어떠한 인지 기능과 관련 있는지 아는 것이 중요하다.

  게임을 무조건 많이 한다고 해서 인지 기능에 도움이 되는 것은 아니다. 과한 이용은 되려 중독과 같은 역효과를 내기 십상이다. 게임과 인지 기능 간의 긍정적 인과 관계를 제시했던 연구들은 보편적으로 모두에게 적용되는 것이 아니라, 실험실과 같은 통제된 환경에서 게임을 한 사람들에게서 발견된 결과라는 점을 유념해야 한다. 또한 다수의 연구에서 게임은 우울증과 같은 정신의학과 심리 치료에도 효과적이라는 결과를 보고하고 있으나, 게임이 그 자체로 치료 효과를 지닌다기보다는 전통적인 재활 치료를 받은 환자가 그 기능을 유지하기 위한 보조 도구로 활용되는 정도에 그친다는 점을 유념할 필요가 있다.

  휴대용 전자 기기의 발달로 게임은 시간과 장소를 불문하고 이용할 수 있는 가장 익숙한 오락 거리가 되었다. 추후 게임의 활용 방안과 적절한 사용법에 대한 임상적 관점에서의 연구를 통해 게임이 접근성 높은 인지 개선과 유지 도구로 활용되길 기대한다. 무엇보다 우리가 의지적으로 인지 활동을 할 수 있게 관리하는 능력을 기르기 위해 언제, 어떤 게임을 활용하면 좋은지 더 많은 연구를 통해 증명되어야 한다. 인지과학자들은 이러한 연구 결과를 비판적으로 바라보고, 연구를 통해 검증해야 할 것이다. 이 책의 독자 또한 게임과 인지 기능의 관계에 대한 관심과 이해를 바탕으로 게임을 스마트하게 활용해 즐거운 방법으로 인지적 유익을 체험하는 진정한 '승자'가 되기를 바란다.

우리 할머니의 뇌 건강을 위한 비책

그레이 게이머의 등장

코로나19 팬데믹 이후 '그레이 게이머'가 주목받고 있다. 노년층 게이머를 가리키는 말로, 우리에게는 조금 낯설지만 서구권에서는 이미 한 세대를 특정짓는 단어로 자리 잡는 추세다. 1960년대생인 사람은 올해로 만 60세가 넘는데, 이들이 20대이던 1980년대에 동네마다 전자오락실이 보편화되기 시작했다. 코로나19로 사회활동이 줄어들자 어린 시절에 게임을 경험했던 50~60대가 게임 인구로 합류했고, 게임을 아이들이나 젊은 세대의 전유물처럼 여기던 고정 관념에도 변화가 생겼다. 지금은 퍼즐 게임이나 그림 맞추기처럼 단순한 게임을 즐기는데, 이러한 변화를 적극적으로 활용하면 노년층의 인지 기능 향상에 도움을 줄 수도 있다.

고령화 시대의 게임 활용법

"게임하지 마! 공부해야지." 1980년대 이후 출생한, 또 게임을 사랑하는 이들이라면 유년 시절에 많이 들어봤을 잔소리다. 우리는 게임을 하는 것이 학업에 방해가 된다고 배웠고, 공부 후 시간이 남으면 겨우 일주일에 한두 번 정도 게임기를 잡아볼 수 있었다. 사춘기 시절 PC방에 들락거리던 동년배 학생들 중 모범생은 많지 않았다. 이렇듯 게임에 대한 부정적인 인식은 우리의 생각에 깊이 뿌리박혀 있다. 그러나 앞서 살펴본 비디오 게임과 집행 기능의 관계에 관한 고찰에서 알 수 있듯이 옳다고 믿어왔던 오랜 고정 관념에 의문이 제기되고 있다. 게임이 인지 향상에 도움을 준다는 긍정적인 관점의 논문들이 유명한 학회지에 다수 출판되었고, 이들 중 상당수가 게임의 긍정적인 효과를 입증하는 것이었다.

노인 인구의 증가는 최근 들어 더욱더 가파르게 진행되고 있다. 이렇게 빨라진 고령화 속도에 발맞춰 세계의 여러 나라에서 지난 몇 년 동안 노인 복지에 중점을 둔 노인 인구 대책 관련 정책이 증가하고 있다. 길어진 수명으로 인한 노인 삶의 질은 다른 세대에게도 큰 관심거리이다. 노부모를 모시는 성인들에게는 노인 복지가 당장 마주한 현실적인 문제이고, 수십 년 안에 자신이 겪을 미래이기 때문이다. 이러한 미래를 앞둔 우리에게 게임은 어떤 이점을 가져다줄까?

취미도 인지 능력도 젊게 유지하기

젊은 세대에게 게임은 친숙한 놀이 문화이지만, 컴퓨터 게임이 개발되기 이전에 태어나 이를 전혀 접하지 못한 채 노인이 된 세대도 있다. 노년층은 젊은 세대에 비해 비디오 게임이 낯설다. 여가 생활로 게임을 즐기는 노인도 분명 있겠지만, 게임 경험이 전무한 노인이 대부분일 것이다. 이러한 노인들은 게임이 인지 기능에 어떤 영향을 주는지 확인하는 연구에 매우 적합한 대상자이기도 하다. 비디오 게임을 해본 경험이 전혀 없기 때문에 게임을 플레이한 후 그로 인해 얻는 이득이나 손해가 있는지 직접적으로 확인할 수 있다. 이러한 연구를 바탕으로 인지 노화 개선에 게임이 어떤 도움이 될 수 있는지 알아보는 한편, 게임이 한 개인에게 미치는 영향과 게임 이용자 인구의 소수를 차지하는 노인층의

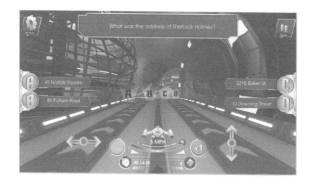

<뉴로 레이서Neuro racer> 게임 스크린샷. 아이폰 버전.
출처: App Store, Neuro Racer

올바른 게임 참여 방법이 있는지에 대해 숙고하고자 한다.

　과학 저널 『네이처Nature』에 게재된 연구에서는 "노인이 비디오 게임을 많이 하면 인지 기능을 조절하는 능력이 좋아질 수 있다."라고 주장했다. 나이가 들면 인지 기능이 떨어지는 것은 당연한 일이다. 이런 현상을 '인지 노화'라고 하는데, 인지 노화의 영향을 가장 크게 받는 기능은 주의 집중력이다. 연구를 진행한 미국 캘리포니아대학교 샌프란시스코University of California, San Francisco 신경과 연구팀은 〈뉴로 레이서 Neuro Racer〉라는 비디오 게임을 실험에 이용했다. 〈뉴로 레이서〉는 여러 가지 과제를 동시에 수행하도록 유도하는 게임이다. 해당 게임으로 주의 집중력을 트레이닝했더니 나이가 많은 참여자도 인지 기능이 저하되는 것을 억제할 수 있었다. 즉 주의 집중력이 '젊어졌고', 여러 가지 일을 동시에 할 수 있는 전환 능력 등에도 긍정적인 효과가 있었다. 이뿐만 아니라 그 효과가 6개월가량 지속돼 장기적인 치료 효과도 확인할 수 있었다.

　주의 집중력은 곧 뇌가 돌아가는 속도를 말한다. 이 속도는 나이가 들수록 느려진다. 그렇기 때문에 어떤 생각을 하다가도 속도가 느려져서 깜빡깜빡하거나, 무언가를 하기 위한 계획을 머릿속에서 되뇌다가 막상 하려는 순간에 잊어버리기도 하는 현상이 발생한다. 이런 경우에 〈뉴로 레이서〉 같은 게임을 통해 훈련한다면 뇌가 돌아가는 속도, 즉 주의 집중력을 향상시키거나 유지시킬 가능성이 있다.

내 나이가 어때서, 게임하기 딱 좋은 나이

노년기 삶의 질을 결정하는 인지 퇴화 문제

'시끄럽고 정신 사납다'는 이유로 평생 가무를 멀리해 온 할머니가 언젠가부터 노인복지회관 노래 교실에 나가기 시작했다. 노래 가사를 종이에 적어 가며 외우고, 종일 멜로디를 흥얼거렸다. 할머니의 취향이 변하기라도 한 것일까? 어쩌면 할머니는 노래를 좋아하게 되었다기보다는 뇌가 더는 늙지 않도록 운동을 하는 것인지도 모른다.

노년기 삶의 질을 위협하는 가장 큰 요소 중 하나는 퇴화 문제이다. 신체적·정신적 퇴화를 극복하기 위하여 여러 방면으로 예방법이 연구되어왔고, 현재도 활발히 연구가 진행 중이다. 그 결과 효과적인 예방법으로 다양한 식이 요법과 생활 습관이 제시되었고, 그중에서도 운동은 신체와 인지 기능 모두에 긍정적인 영향을 준다고 강조된다. 평소 꾸준한 운동을 해온 노인 집단의 신체와 인지 퇴화 속도는 운동을 하지 않은 노인 집단에 비해 확실히 느린 속도로 진행된다.

운동을 동반하는 엑서 게임

두뇌 활동과 신체 활동을 접목시킨다면 어떨까? 게임의 여러 장르 중에서 운동이 동반되는 게임을 엑서 게임exergame이라고 부른다. 엑서 게임은 인지과학, 신경과, 의학에서 강조하는 뇌 건강에 좋은 게임의 특징을 가지고 있다.

게임을 통해 뇌를 보호한다는 목적 아래 한 가지 특징은 게임이 뇌속 신경망들의 연결성을 유지하는 데 필요한 여러 가지 활동을 강화시킨다는 것이다. 뇌가 원활하게 작동하기 위해서는 뇌 속에 혈액이 잘순환되어야 한다. 혈액을 통해 뇌에 에너지가 공급되고, 원활한 혈액순환은 뇌 활동으로 발생하고 축적된 노폐 물질을 제거해 주기 때문이다. 뇌의 최적화 상태를 유지할 때 뇌 신경 연결성이 강화될 수 있다. 원활한 혈액 순환은 건강한 심혈관 기능이 바탕이 된다. 평소 꾸준한 운동 습관이 심혈관 기능에 좋은 영향을 주는 것은 이미 잘 알려진 사실이다. 따라서 꾸준한 운동은 결국 뇌 건강에도 긍정적인 영향을 줄 수 있다는 결론을 내릴 수 있다. 이 주제는 많은 연구에서 또한 그렇다고 밝혀져왔다. 그러므로 위에 소개되었던 엑서 게임과 같이 특별히 신체 활동을 유발하고 운동하게 만드는 게임은 뇌 건강에 큰 도움이 될 것이다. 몇 년 전에 증강 현실을 이용해 플레이어가 현실 세계를 돌아다니면서 몬스터 캐릭터를 수집하는 게임이 크게 유행했다. 특별히 치료를 위해 개발한 기능성 게임이 아니라, 재미 요소를 강조하고 자연스럽게 흥미를 유발하는 데에 집중한 게임이 다양한 연령층의 몸과 머리를 움직이게 한다면 뇌 건강에 크게 도움이 될 것이다.

무엇보다 신체 노화로 인하여 평소 운동량이 적어진 노인들에게는 머리만 쓰는 게임보다 엑서 게임이 더 유익할 것이다. 복잡한 사고와 방향키 조정을 요하는 다른 장르의 게임보다 배우기 쉽다는 점도 엑서 게임의 매력이다. 엑서 게임은 개발 초기 단계부터 치료를 목적으로 노인들의 인지 퇴화를 늦춰주거나 전 연령층의 기능적 개선에 도움이 되는지에 초점을 맞추어 연구·개발되어왔다. 그러나 최근에는 오락을 목적으로 개발된 엑서 게임도 늘고 있다.

엑서 게임을 배우고 플레이하는 동안 이용자는 게임에서 맞닥뜨리는 문제 상황을 해결하기 위해 필요한 인지 기능을 활발하게 동원한다. 게임을 하고 난 후 검사해 보면 게임을 할 때 사용했던 인지 기능은 그전보다 향상되어 있다는 것을 알 수 있다. 예를 들어 자전거 타기 게임을 하면서 주변 교통 상황을 살피는 주의 기능이 많이 사용됐다면 게임

후 주의 기능이 향상된다. 아직 단언하기는 이르지만, 엑서 게임의 긍정적인 효과는 주목할 만하다.

뇌로 공급되는 혈류량이 줄어드는 노년기

심장은 생존에 필요한 혈액을 온몸에 공급한다. 심장은 강한 펌프와 같은데, 맥박을 짚거나 귀를 기울이면 우리가 느낄 수 있다. 심장이 한 번 뛸 때마다 내보내는 혈액량은 개인의 심폐 능력을 반영한다. 운동을 많이 한 사람은 심장이 1회당 내보내는 혈액량이 많고, 그렇지 않은 심장은 적다. 그렇기 때문에 운동을 자주 하지 않는 사람의 심장은 심박수를 늘리는 방법으로 몸이 필요로 하는 혈액량을 공급한다. 심박수가 빨라지는 것이다. 너무 잦은 펌프, 또는 높아진 심박 수는 심장에 무리를 주기 때문에 조심하는 것이 좋다. 동일한 양의 운동을 하는 동안, 평소 운동을 자주 하던 사람이 그렇지 않은 사람에 비하여 덜 힘든 것은 운동하는 동안 심장에 무리를 덜 받기 때문이다. 이렇듯 운동과 심장 건강은 긴밀하게 연결되어 있다.

　꾸준한 운동은 심장에서 뻗어 나가는 동맥 혈관을 건강하게 유지하여 신체에 혈류를 원활하게 공급한다. 건강해진 심혈관 체계는 뇌로 흘러가는 혈류에도 긍정적인 영향을 준다. 우리 뇌는 피로부터 영양분을 얻기 때문에 뇌 혈류는 인지 기능을 정상적으로 원활히 할 수 있도록 영양분을 전달하는 기차와 같다. 심혈관이 막히면 뇌로 가는 영양분이 원활하게 공급되지 않는다. 노화는 동맥 혈관을 점차 굳게 만든다. 혈관이 점점 굳어 가늘어지면 동맥 혈관 혈압이 높아지고, 높아진 혈압은 뇌로 들어가는 혈류를 방해하여 결과적으로 뇌 활동에 부정적인 영향을 미친다. 운동은 이런 현상을 막아주는 예방 주사와 같다.

신체 활동은 인지 기능을 보존한다

운동으로 다져진 튼튼한 심혈관과 혈관을 타고 원활하게 흐르는 뇌 혈류는 인지 활동이 정상적으로 잘 이루어지게 하는 바탕이 된다. 많은 연구에서 밝혀졌듯, 꾸준한 유산소 운동은 뇌 혈류 공급 시스템의 퇴화를 예방하고 기능을 개선한다. 꾸준히 운동을 해온 이들은 운동을 하지 않은 노인에 비해 동맥의 경직도가 낮았고, MRI로 촬영한 뇌 영상에서 더 많은 뇌 혈류량이 관찰되었다. 이뿐만 아니라 지능 시험 결과에서 운동을 한 노인의 주의 집중력과 집행 기능 점수가 운동을 하지 않은 노인보다 더 높았다.

또한 평소 운동을 꾸준히 한 노인의 측두엽(호르몬, 감정, 기억 등 복합적인 기능을 관리하는 데 중요한 뇌의 부위)과 전전두엽(전두엽 중에서도 이마에 가까운 가장 앞부분. 상위 인지 기능 등을 포함한 종합적인 인지 기능에 관여하는 뇌 영역)의 부피가 운동을 하지 않은 노인에 비해 더 컸다. 이러한 실험 결과들은 노인의 신체 활동 증강과 유지가 인지 기능 보존에 매우 중요하다는 것을 시사한다. 하지만 신체적·공간적·사회적 제약으로 인해 노인들이 운동을 할 수 있는 여건이 좋지 않은 것이 현실이다.

오락성이 강화된 미래형 엑서 게임

여러 제약을 보완하기 위해 실내에서 할 수 있는 다양한 운동 방법이 고안되어왔다. 그 중 노인들이 꾸준히 참여할 수 있도록 흥미 요소를 포함시켜 개발된 것이 엑서 게임이다. 엑서 게임은 실제 운동을 하는 것보다 안전하게 설계되었고, 인지적이고 신체적인 이점을 동시에 제공할 수 있기에 일석이조의 효과를 낸다.

최근 닌텐도의 위Wii, 마이크로소프트의 키넥트Kinect, 소니의 무브 Move 등 게임 회사에서 모션 디텍션 콘솔motion detection console, 움직임을 추적하는 콘솔 장비 기술이 급속도로 발전하며 엑서 게임에 기능적인 장점뿐 아니라 재미 요소도 추가했다. 이렇게 발전된 게임 기술은 지난 10년간 게임 시장에서 엑서 게임이라는 장르가 차지하는 비중을 확장시

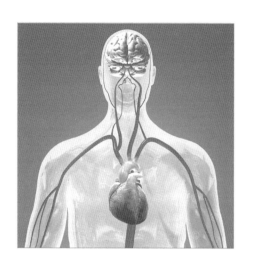

위 심장에서 뇌로 공급되는 혈류.
출처: medicalgraphics.de

아래 엑서 게임을 통해 운동을 하는 모습.
출처: EyeToy for PlayStation 2

켰고, 재미를 넘어 치료에 있어서도 엑서 게임은 다양한 게임 회사의 구미를 자극했다. 현재 엑서 게임 산업에 대한 투자와 시장 규모는 더욱 증가하는 추세이다. 엑서 게임은 이미 많은 재활 시설에 보급되어 있으며, 실제로 닌텐도는 요양원 등의 장기간 노인 케어 센터에 엑서 게임인 위Wii를 지원하고 있다.

엑서 게임이 치매 예방에도 효과적일까

엑서 게임 연구의 판이 바뀌다

지하철역이나 공공 기관의 계단을 오를 때면 심심치 않게 다음과 같은 문구를 만나볼 수 있다. '계단은 무료 운동 기구', '1계단 - 0.15kcal, 수명 4초 연장'. 계단으로 올라가는 것이 엘리베이터를 타는 것보다 건강에 더 좋다는 것은 알고 있으나 실천하기란 쉽지 않다. 실생활에서도 실천하기 힘든 것이 운동인데, 시간을 정해 놓고 하려면 얼마나 괴롭겠는가. 숙제처럼 느껴지는 운동을 게임하듯 즐길 수 있다면 얼마나 좋을까. 비슷한 생각을 가진 세계의 많은 연구자가 엑서 게임의 영향력에 대해 연구했다. 저명한 과학 저널에 발표된 관련 연구 사례를 검토했을 때 놀랍게도 살펴본 연구의 절반 이상이 "엑서 게임이 노인들의 인지 활동에 긍정적인 영향을 미친다."라는 가설을 실험적으로 증명하고 있었다.

　연구의 흐름을 살펴보면 엑서 게임을 바라보는 시각이 변화하고 있다는 것을 알 수 있다. 과거의 엑서 게임 관련 연구들은 기능성 게임 serious game, 교육·훈련·치료·운동 등 기능성을 고려한 게임. 비상업 목적의 게임을 사용한 것이 대부분이었다. 그러나 최근 출판된 논문들은 연구자가 연구 목적으로 직접 개발한 비상업적이고 교육적인 기능성 게임보다 게임 회사가 개발해 상용화한 상업용 엑서 게임(예, iPACE, Physiomat 등)에 대한 연구 수가 더 많다. 초기에 치료와 연구를 목적으로 교육 기관 등에서 개발한 엑서 게임의 실제 효과가 입증됨에 따라 게임 회사들이 엑서 게임에 더 많이 투자했기 때문이다. 유명한 게임 기업들의 투자를 발판으로 엑서 게임이 상용화해 지금은 누구나 게임기를 구입하기만 하면 엑서 게임을 즐길 수 있다. 여전히 기능성 게임에 대한 연구 수가 더 많지만, 머지않아 오락용 게임에 대한 연구의 수효가 우세할 것으로 예측한

계단 걷기의 운동 효과
출처: SHUTTERSTOCK

다. 오락용 엑서 게임이 인지 기능에 미치는 효과에 대한 탄탄한 연구
를 기반으로 접근성 높은 게임을 이용해 누구나 인지 건강을 유지할 수
있는 방안이 마련될 수 있기를 기대한다.

유산소 운동을 대체할 수 있는 엑서 게임

엑서 게임을 이용하면 다양한 운동을 할 수 있다. 엑서 게임에 포함된
운동 종목으로는 스포츠 시뮬레이션sports simulation, 예를 들어 요가나
골프 등과 같은 운동이 가장 많다. 그다음으로 자전거 타기와 댄스, 신
체 밸런스, 스텝 운동이 비등하게 뒤를 잇는다. 자전거 타기와 댄스, 스
텝 운동처럼 엑서 게임에 사용되는 운동은 대부분 근육 활동에 산소를
필요로 하는 유산소 운동이다.

엑서 게임을 많이 할수록 유익할까? 노인들이 엑서 게임에 참여한
시간과 횟수를 살펴보면 반드시 그렇지만은 않다는 것을 알 수 있다.
엑서 게임 연구의 평균 참여 시간은 200분에서 2,880분까지 다양하다.
평균 참여 시간은 1,648분이었으며, 한 번에 1,648분을 참여하지 않고
일정한 기간에 나누어 게임을 즐기도록 했다. 평균 기간은 13주(3개월
1주)였는데, 가장 많은 기간은 6개월, 가장 짧은 기간은 2개월이었다.

엑서 게임을 통해 인지 기능을 개선하고자 할 때는 1회의 플레이

시간보다 전체적인 플레이 기간이 더 중요하다. 엑서 게임의 유익한 효과를 밝혀낸 연구들은 참여자들에게 평균적으로 10분 짧은 시간 동안 게임을 하게 했지만, 전체 연구 기간이 1주 장기화된 연구이다. 따라서 엑서 게임을 단숨에 많이 하는 것보다 기간을 두고 꾸준히 참여했을 때 게임이 주는 이익을 체험할 가능성이 높은 것으로 보인다.

엑서 게임을 하면 머리가 어떻게 좋아질까

건망증이 심해질 때 보통 기억력이 나빠졌다고 얘기한다. 기억력memory, 경험한 것이 어떤 형태로 간직됐다가 나중에 재생 또는 재인되어 나타나는 현상은 인지 기능의 한 종류이다. 아이큐 시험을 쳐본 경험이 있는 독자라면 주의 집중력attention, 좁은 범위의 자극이나 생각에 인식의 초점을 두는 것과 시공간 능력visuospatial ability, 시각을 통해 들어오는 공간 정보를 인식 및 처리하는 기능에 대해서도 들어보았을 것이다. 모두 인지 능력의 종류이다.

인지 기능에는 다양한 종류가 있지만, 공인 기관에서 실시하는 치매 검사 대부분에는 일부 주요 인지 기능만이 포함된다. 포함된 인지 기능은 여러 하위 기능을 아우르는 대표 기능이거나 일상생활에서 중요한 역할을 하기 때문에 측정된다. 여러 기능 중 가장 많이 측정되는 인지 능력은 집행 기능이다. 주로 전략적인 사고 능력과 인지 조절 능

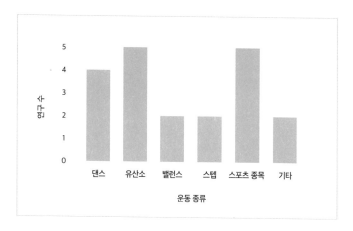
엑서 게임에서 할 수 있는 운동 종류

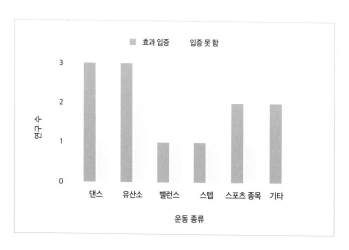
엑서 게임과 집행 기능의 관계

력에 집중된 이 기능은 일상생활에서 중요한 역할을 수행한다. 또한 노화와 인지 손상에 취약하기 때문에 인지 검사에서 가장 많이 측정되는 인지 능력이다. 게임이 집행 기능에 미치는 영향에 대한 연구들은 결과적으로 엑서 게임이 집행 기능 향상에 밀접한 관련이 있음을 입증했다. 특히 유산소 종목에 집중된 엑서 게임이 집행 기능과 밀접하게 관련돼 있다.

그렇다면 집행 기능을 제외한 나머지 인지 기능은 어떨까? 여타 인지 기능을 포함한 '글로벌 인지global cognition,전반적인 인지 기능을 통틀어 의미'는 스포츠 시뮬레이션 게임과 연관성이 높다. 그러나 스포츠 게임이 기억 능력에는 큰 도움이 되지 않는다. 더 나아가 섬세한 몸동작을 유도하는 댄스와 더불어 고위 인지 능력을 동원하는 여러 종목이 집행 기능에 긍정적인 영향을 끼친다는 것을 확인할 수 있다. 단, 연구의 수가 적어 유의미한 관련성을 단정 짓기에는 무리가 있으니 대략적인 현황만을 참고하길 바란다.

많은 연구자가 다른 인지 기능들보다 집행 기능에 특히 더 초점을 두고 연구했다. 이는 집행 기능의 속성에 기인했다고 볼 수 있는데, 집행 기능이 여러 기능을 통제하고 조정하는 종합 집행자로서 인지 기능에서는 가장 중심에 위치하였기에 인지 변화를 관찰하고자 할 때 필수적으로 측정되는 기능이기 때문이다.

인지 기능	효과가 입증된 운동 종목 (개수)	효과가 입증되지 않은 운동 종목 (개수)
처리 속도	댄스(1), 스포츠 시뮬레이션(1)	
시공간 능력	댄스(1)	스포츠 시뮬레이션(1)
기억 능력	유산소(1), 댄스(1)	스포츠 시뮬레이션(2)
주의 집중		스텝(1)
전반적인 인지 능력 (글로벌 인지)	스포츠 시뮬레이션(2)	밸런스(1)

엑서 게임 플레이 후 인지 기능의 변화

몸을 움직였는데 머리가 좋아졌다

비판적으로 게임 연구 읽기

몸과 머리를 함께 움직이게 하는 엑서 게임이 인지 기능에 미치는 영향을 이해하고자 분석한 연구 중 절반 이상이 엑서 게임의 긍정적인 효과를 입증하는 데 성공했다. 물론 효과를 입증하는 데 실패했던 연구도 있었다. 실제 실험을 진행한 연구자들은 연구 결과를 증명하지 못한 대표적인 원인을 두 가지로 꼽았다. 엑서 게임에 참여한 기간이 매우 짧았거나 엑서 게임을 할 때 주로 사용한 인지 기능이 게임 후에 측정된 인지 기능과 다르다는 점이었다. 예를 들어 기억력을 많이 쓴 게임을 열심히 한 후에 집행 기능 검사를 시행하면 게임 전과 변화가 없는 것이 당연하다.

연구 참여 기간이 참여자로 하여금 게임을 습득하기에 충분하지 않았다면 게임의 효과가 진정으로 발휘되는 데 걸림돌이 될 수 있다. 참여 기간은 얼마나 오랜 기간 참여하였는가를 바탕으로 계산된다. 여러 실험 데이터를 분석해 보니 적어도 14주에 걸쳐 1,548분을 참여해야 엑서 게임의 효과를 볼 수 있었다. 3개월 이상의 기간, 26시간 정도에 해당하는 시간이다. 효과 입증에 실패했던 연구들은 일회성으로 진행됐거나 2개월 이하의 기간 동안 이루어졌다. 적어도 3개월 이상 진행된 프로젝트에 참가했던 노인에게서 인지 향상이라는 결과를 확인할 수 있었다.

그러나 게임을 플레이한 기간과 인지 능력 향상 사이에 꼭 비례 관계가 성립한다고 볼 수는 없다. 장기간 변화를 측정한 한 연구에서는 연구를 시작하고 약 한 달 후에 참여자들의 인지 기능이 향상되었지만, 그 후의 인지 점수는 첫 한 달 후 향상된 정도에서 더 발전하지 않았다. 게임을 오래 하는 것이 인지 기능에 반드시 좋은 변화를 가져온다고 결론 짓기는 어렵다. 어느 정도 게임을 하는 것이 효율적인가에 대한 답은 앞으로 더 연구해야 할 부분으로 남겨져 있다.

이처럼 게임의 효과에 대한 연구를 비교하며 비판적으로 읽기 위해서는 여러 변수를 고려해야 한다. 일례로 검사 대상인 인지 기능을 게임에서 실제로 사용했는가, 게임 전 기본적인 인지 기능을 측정하기 위해 사용된 검사지와 게임 후 사용하는 검사지가 동일한가, 게임 후의 변화를 측정하기 전에 충분한 시간 간격이 있었는가의 여부가 결과에 영향을 미칠 수 있다는 점을 유념해야 한다. 공부한 내용이 시험에 나오는 것이 바람직하지만, 전혀 상관없는 엉뚱한 부분이 시험에 나온다면 좋지 못한 성적이 나올 것이라 예상할 수 있는 것처럼 말이다. 실험 설계 단계에서 게임 후 이루어지는 인지 검사에 더 다양한 인지 기능들이 포함되도록 계획한다면 보다 정확한 측정이 이루어질 것이라 기대한다.

엑서 게임 바르게 이용하기

새로운 환경을 탐험하고 문제를 해결하도록 요구하는 게임은 장르에 따라 집행 기능에 속하는 하위 인지 기능을 다각도로 활발하게 동원하기 때문에 집행 기능 향상에 도움을 줄 수 있다. 집행 기능은 계획하기, 억제하기, 주의 집중하기 등 많은 하위 기능을 포함하고 관리한다. 그 중에서도 신체 활동을 동원하는 엑서 게임과 인지 기능 사이에는 긍정적인 관계가 있다는 것을 확인하였다.

인지적인 부분 외에도 장르의 특성상 엑서 게임을 함으로써 얻는 신체적인 이득도 크다. 엑서 게임과 인지 기능의 연관성 연구에 사용된 운동의 종류는 매우 다양했다. 댄스, 스포츠 종목, 자전거 타기 등 유산소와 근력 운동이 포함돼 더욱 신체에 긍정적인 영향을 줄 수 있었다. 엑서 게임은 나이가 듦에 따라 야외 활동 횟수가 적어지고, 실내에서 생활하는 시간이 길어진 노인들에게 다양한 운동을 할 수 있는 기회를 제공한다. 운동으로 인해 얻는 신체 건강은 또한 노인들의 건강한 삶의 질을 높이고 현대 사회에서 직면한 노인 문제를 해결하는 데 큰 도움이 될 것이다.

그러나 게임 사용에 있어서 주의해야 할 점도 분명히 있다. 좋은 약도 너무 많이 먹으면 몸에 해롭듯이, 게임 사용의 빈도와 강도 등을 적당히 관리하는 것이 중요하다. 약국에서 약을 처방 받는 것처럼 엑서 게임의 사용 시간과 강도를 전문가의 조언에 따라 체계적으로 조절할 수 있다면 더욱 유익한 게임 플레이를 향유할 수 있지 않을까? 더불어 노인들의 취약한 신체적인 특징을 고려해 상용화하기 전 게임의 안정성 역시 검증해야 한다. 이러한 가이드라인이 제시되기 위해서는 게임과 인지 기능 연구에 대한 꾸준한 관심과 많은 연구가 필요하다. 지금까지 이루어진 다수의 연구에서 긍정적인 효과를 보인 엑서 게임인 만큼 차후 탄탄한 연구를 바탕으로 노인의 삶의 질을 높이는 데 중요한 요인으로서 작용하기를 기대한다.

2 인지 회복 l 게임이 치매를 막을 수 있을까

건강한 뇌를 유지하기 위해서는 꾸준한 인지 활동이 필수이다.
출처: SHUTTERSTOCK

몸을 움직였는데 머리가 좋아졌다

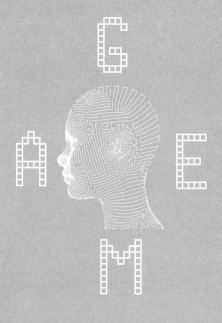

3

공격성

게임은 컨트롤러인가, 칼인가

인간은 매 순간 수많은 감정을 느끼면서 살아가며 감정은 우리 삶에 동기와 의미를 부여한다. 이제부터 우리가 주목할 공격성은 그중에서 도 나와 공동체를 지키고자 발현되는 본능적인 감정이다. 그렇다면 공격성은 좋은 감정일까, 나쁜 감정일까? 먼저 좋은 감정과 나쁜 감정을 구분하는 것보다 그 감정을 어떤 방식으로 표현하는지가 더 중요하다 는 점에 주목할 필요가 있다. 흔히 공격성을 반사회적인 행동의 원인으 로 보지만 목적의식, 종족과 자기 보존 본능 그리고 독립된 개인으로 서기 위한 내면의 힘으로 새롭게 볼 필요도 있다. 그렇다면 우리의 목 표는 공격성을 완전히 거세하는 것이 아니라 경쟁 상황에서 공격성을 어떻게 잘 표출할 수 있는지에 관한 것이다.

    게임이 공격적인 행동을 불러일으키는지는 현실적으로도 이론적으 로도 언제나 논란의 한가운데에 있다. 공격적 행동을 불러일으키는 것 이 게임 내용 자체의 문제인지, 아니면 환경 요인이나 개인 성향과 상호 작용해 이용자의 정서와 행위에 관여하는 것인지에 대해 면밀히 살펴볼 필요가 있다. 가령 팀원과 협력하여 공동의 목표를 이뤄가는 협동적인 게임은 설령 폭력적인 내용을 포함하고 있더라도 외려 공격적 행동을 감소시키는 것으로 알려져 있다. 반면 경쟁적인 게임은 내용의 폭력성과 상관없이 플레이어 간 친밀도를 와해시키기도 한다. 공격성은 결국 더 좋은 아이템과 자원을 두고 타인과 경쟁하는 생존 투쟁과 직결된 정서이다.

　게임이 공격적 행동이나 공격성을 전혀 유발하지 않는다는 주장과 유발한다는 주장 모두 면밀히 검토해야 한다. 그래야만 비로소 우리는 게임과 공격성에 관한 이분법적 사고에서 벗어나 역기능과 순기능을 다각도로 재고할 수 있게 될 것이다.

파이터로 전락한 플레이어

우리를 싸우게 했던 그 게임

인터넷 문화에 익숙한 세대라면 누구나 '현피'라는 말을 들어봤을 것이다. '현피'는 '현실 PK Player Killer'의 줄임말로, 게임 안에서 다툰 이들이 오프라인에서 만나 현실 속에서 싸움을 벌인다는 의미이다. 즉 온라인 게임에서 다른 플레이어를 공격하는 'PK'가 현실로 확장된 것이다.

20여 년 전, 이러한 PK 시스템을 가지고 있던 온라인 게임은 폭력의 상징이자 전유물이었다. 자기 캐릭터의 힘을 과시하기 위해, 혹은 몬스터를 사냥하는 것보다 아이템을 획득하는 것이 더 쉽기 때문에, 그도 아니라면 그저 재미있기 때문에 상대방의 캐릭터를 죽이는 'PK'가 유행하기 시작했고, 그렇게 게임은 단순한 게임이 아닌 사회 현상으로 받아들여졌다. 2000년대 초 TV 뉴스는 게임 속에서 벌어지는 이러한 폭력적인 행태와 이를 둘러싼 아이템 현금 거래를 문제 삼아 연이어 보도했고, 당시 큰 인기를 끌었던 게임 〈리니지Lineage〉는 언론의 뭇매를 맞았다.

〈리니지〉의 개발사인 엔씨소프트가 게임 내에 여러 패치를 설치하는 등 도를 넘어선 악질적인 PK 행위를 막기 위한 노력을 기울였음에도 불구하고, 영상물등급위원회는 일방적 PK나 간접적 PK가 포함된 게임에 '18세 이용가' 판정을 내리기에 이르렀다. 이러한 결정은 해당 게임에 대한 지나치게 가혹한 처사라는 평과, PK 시스템 뒤에 숨은 본질적인 사회 문제를 가린다는 비판과 함께 폭력적인 게임의 해로운 영향을 막기 위한 당연한 처사라는 평을 동시에 받았다.

이제 게임은 서브컬처이자 취향의 영역

그로부터 10년이 지난 2010년대에도 게임은 여전히 폭력성이라는 낙인에서 자유롭지 못했다. 청소년의 게임 접속 시간에 제한을 두는 방안으로 논의되었던 게임 셧다운제 입법 시도는 2005년 8월부터 그 모습을 드러내기 시작했다. 이 법은 청소년의 수면권 보장 및 확보를 도모하자는 취지로 2011년부터 시행되었으나, 청소년의 게임 과몰입 및 그로 인한 폭력성·이상 행동과 같은 부작용을 미리 차단하려는 의도가 전제되어 있었다. 해당 규제가 개인의 자유에 대한 지나친 침해라는 비판을 피할 수 없었던 것은 물론이고 해외 온라인 게임에는 이러한 규제가 적용되지 않아 국내 게임 산업의 위축을 불러온다는 점에서 이 제도의 실효성에 대한 논란은 현재도 계속 제기되고 있다.

게임 셧다운제가 여전히 시행되고 있는 지금, 과연 게임의 위상은 전과 같은 '사회 문제' 그대로일까? 게임의 플랫폼이 컴퓨터에서 점차 모바일까지 확대되면서 〈스타크래프트Starcraft〉와 〈리니지〉로 대표되는 불특정 다수와의 경쟁이 대부분이던 게임의 형태는 〈타이니팜Tiny Farm〉이나 〈어몽어스Among Us〉와 같은 지인과의 친목 위주인 소셜 네트워크 시스템으로까지 뻗어져 나왔다. 하위 요소가 다양해진 게임은 이제 어엿한 서브컬처이자 취향의 영역에 들어서고 있는 중이다. "혹시 게임 하세요?"라는 질문은 "혹시 어떤 게임 하세요?"라는 질문으로 바뀌고 있다. 스마트폰을 가진 사람이라면 하나씩은 깔려 있을 소셜 네트워크 게임과 더불어 게임은 더 이상 특정 세대나 계층의 자폐적인 전유물이 아닌 일상의 한 요소로서 자리매김하고 있다.

2011년 2월 13일 MBC <뉴스데스크>의 '뉴스플러스+' 코너를 통해 보도된
'잔인한 게임, 난폭해진 아이들'에서 유충환 기자가 직접 PC방 전원을
내리는 장면을 시연하고 있다.
출처: MBC 캡쳐

대표적인 소셜 네트워크 게임: <어몽어스>(왼쪽)와 <타이니팜>(오른쪽)
출처: App Store

사라지지 않은 낙인

그러나 이렇게 사회적 맥락이 변화하였음에도 불구하고 폭력적인 게임이 인간의 공격성 및 공격 행동을 부추기는 주요한 원인이라는 인식은 여전히 만연하다. 평소 게임광이던 학생이 학교에서 총기 난사를 벌이는 등의 해외 사례를 차치하고서라도, 몇 년 전 발생했던 서울 강서구 PC방 살인 사건과 같이 온라인 게임에서 만난 사람들이 실제 서로를 만나 폭행 및 살인을 저지르는 일은 여전히 국내 언론을 통해 꾸준히 보도되고 있다.

게임의 폭력적 콘텐츠가 정말로 사람의 폭력성을 증가시키는지에 관한 과학적 근거에 대해 여전히 논쟁 중임에도 불구하고, 아직도 많은 연구는 폭력적인 게임이 일으킬 수 있는 폭력 성향과 행동에 초점을 맞추고 있다. 이뿐만 아니라 게임으로 증가된 공격성과 폭력성이 계속하여 축적된다는 연구 결과들은 반사회적 성격 특성과 관련된 게임의 부정적인 이미지를 연일 굳히고 있는 실정이다.

게임이 화를 부른다

게임은 폭력을 부른다, 일반 공격 모델

게임과 폭력성 간의 관계가 이토록 확고하게 지지되어온 이유는 무엇일까? 관련 연구들은 대부분 일반 공격 모델General Aggression Model, GAM의 관점을 기초로 하고 있다. 일반 공격 모델은 인간의 공격성 및 공격 행동에 관한 기존 이론들을 종합해 제시한 모델이다. 이 모델은 폭력적인 내용의 게임이 게임 유저들의 인지 및 감정, 각성을 자극하여 공격성이 발현되기 쉽게 만들 뿐 아니라 외부로부터 조금만 자극을 받아도 이에 대한 공격적 행동을 보다 자주 하게끔 촉진시킨다는 내용을 바탕으로 하고 있다.

물론 이러한 논리는 우리에게 그다지 낯설지 않다. 2018년 3월, 미국 트럼프 대통령과의 대담에서 미국게임협회ESA는 현실에서의 폭력과 게임은 서로 연관성이 없다는 연구 결과를 강조하며 부모가 자녀에게 적절한 게임을 골라 줄 수 있도록 민간 심의 기구를 통해 관련 가이드를 제시하고 있음을 밝혔다. 이에 맞서 트럼프 대통령은 플로리다 총기 난사 사건의 핵심 원인 중 하나를 비디오 게임으로 지목하며 게임과 실제 폭력 간에 상관관계가 있다는 연구 결과를 자신의 주장으로 삼은바 있다. 그렇다면 폭력적인 콘텐츠를 담고 있는 비디오 게임은 정말로 그 게임을 하는 사람들이 현실의 폭력에 둔감해지도록 유도하고 있는 것일까?

우리 애는 게임에서만 총 쏘는데요

게임의 폭력성이 인간의 공격 성향 및 행동을 증가시킨다는 주장에는 다양한 반론이 제기되고 있다. 2019년 영국 옥스퍼드 대학에서는 폭력적 게임과 공격 성향 및 행동 간의 관계를 보다 정밀하게 규정하기 위한 연구가 진행됐다. 유럽과 미국의 공식적인 게임 정보 및 등급 심사 위원회의 정보를 활용해 게임의 폭력성을 객관적으로 측정하고, 이에 대한 분류를 시도한 것이다. 게이머가 스스로의 공격성에 대해 보고한 데이터를 다루는 기존 연구들과 달리, 이 연구는 게이머 본인뿐만 아니라 이들의 주변 사람들을 함께 조사해 기록하는 방식을 택했다. 조사 대상은 게임을 하는 영국의 14~15세 청소년들로, 청소년들 자신의 자기 보고와 그들의 폭력적 행동에 대한 보호자들의 평가가 함께 분석되었다. 연구자들은 청소년들이 폭력적인 게임을 더 많이 할수록 그들의 보호자가 관찰자로서 보고하는 공격적 행동 역시 더 증가할 것이라 예상했다.

그러나 놀랍게도, 폭력적인 게임을 하는 청소년들이 그렇지 않은 청소년에 비해 더 높은 수준의 공격적 행동을 보이는 것은 아니라는 사실이 밝혀졌다. 즉, 청소년이 폭력적인 게임을 하는지 여부와 보호자가 보고하는 이들의 공격 행동 빈도는 서로 상관이 없었다. 청소년들이 폭력적인 내용을 포함한 게임에서 받는 영향이 기존 연구들로 형성된 연구자들의 편견으로 왜곡되었을 수 있다는 가능성이 제시된 것이다.

휘발되는 게임 속 폭력성

일반 공격 모델의 가장 큰 맹점은 폭력적 게임에 노출된 직후의 심리 상태를 통해 폭력성을 관찰했을 뿐, 이러한 게임의 영향이 장기적으로 이어지는지에 관한 조망이 부족하다는 점이다. 이에 2017년 독일 하노버 의과대학에서는 비디오 게임이 폭력성에 미치는 영향은 플레이 직

위 미국 남부 플로리다 파크랜드 고등학교에서의 총기 난사 사고.
출처: SHUTTERSTOCK

아래 게임을 즐기는 청소년과 부모와의 갈등.
출처: SHUTTERSTOCK

3 공격성 ㅣ 게임은 컨트롤러인가, 칼인가

후에만 국한된 단기적 인지 현상에 불과하다는 점을 지적했다. 해당 연구에서 연구진은 실험 참가자들에게 폭력적 게임을 플레이하게 하되 플레이 이후 최소 3시간을 대기하게 하고, 성격 심리와 관련된 설문 조사를 실시한 후 긍정적이거나 부정적인 정서 자극이 포함된 이미지들을 보여주며 각각에 느끼는 참여자들의 감정을 fMRI로 관찰하였다. 그 결과 폭력적인 게임을 플레이한 실험 집단은 그렇지 않은 게임을 플레이한 통제 집단과 뇌에서의 활성화 부위가 크게 다르지 않은 것으로 보고되었다. 또한 폭력적 게임을 자주 할수록 공감성의 수치가 감소할 것이라는 연구진의 가설과도 달리, 폭력적 비디오 게임이 공감성 저하를 일으킨다는 증거는 뇌 영역 활성화 어디에서도 보이지 않았다.

일반 공격 모델의 과녁 밖에 있는 것들

폭력적 게임에 관여하는 것이 폭력적 행동과 연관되어 있다는 결정적 증거가 없다면, 게임이 아닌 다른 환경에 게이머의 폭력성에 관련한 원인이 있는 것은 아닐까? 어떤 연구들은 폭력적 게임은 게이머의 공격성이 원인이 아니라 그 공격성에 촉매 역할을 할 뿐이라 주장하기도 한다. 즉, 현실에서 폭력적인 행동을 보이는 문제는 폭력적인 게임을 하는지의 여부에 달려 있다기보다 스트레스의 역치와 관련된 개인의 성향

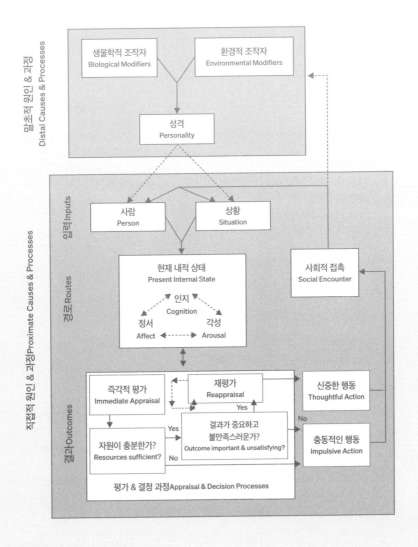

말초적 원인 & 과정
Distal Causes & Processes

직접적 원인 & 과정Proximate Causes & Processes

입력 Inputs

경로 Routes

결과 Outcomes

생물학적 조작자
Biological Modifiers

환경적 조작자
Environmental Modifiers

성격
Personality

사람
Person

상황
Situation

현재 내적 상태
Present Internal State

인지
Cognition

정서
Affect

각성
Arousal

사회적 접촉
Social Encounter

즉각적 평가
Immediate Appraisal

재평가
Reappraisal

Yes

신중한 행동
Thoughtful Action

자원이 충분한가?
Resources sufficient?

Yes

No

결과가 중요하고
불만족스러운가?
Outcome important & unsatisfying?

No

충동적인 행동
Impulsive Action

평가 & 결정 과정Appraisal & Decision Processes

인간의 공격성 및 공격 행동에 관한 기존 이론들을 종합해 제시한 일반 공격 모델과 더 관계가 있다는 것이다.

　사실 일반 공격 모델은 폭력적 게임이 사람의 공격적 사고와 생리적 각성을 증가시킨다는 점에 초점을 맞출 뿐, 게임의 외부 요소에는 많은 설명을 할애하지 않을 뿐만 아니라 게임 플레이 직후의 단기적 순간에만 주목한다. 게임 유저 개인의 유전적 요소 혹은 살고 있는 환경, 장기적인 시간성이 제거된 맥락에서 단순히 게임의 폭력적 내용만으로 반사회적 성향이 형성된다고 말하는 것은 비약일 수 있다. 분명 게임 자체가 지속적인 가정 폭력 등의 환경적 요소 혹은 게이머의 공격적인 유전적 성향 등을 포함하고 있지는 않기 때문이다. 따라서 폭력적 게임 그 자체가 폭력적인 행동 및 공격성에 직접적인 영향을 미치는지는 여전히 불확실하기에, 일반 공격 모델은 폭력적 행동을 예측하는 모델로서 적합하지 않을 수 있다.

숨은 폭력성을 깨우는 트리거

왈드럽의 방아쇠를 당기게 한 것

2006년 가을, 미국 테네시 주의 한 시골 마을에서 한 남자가 걸어 나온다. 별거 중이던 아내가 친구와 함께 4명의 자녀를 그에게 데려다 주기 위해 막 도착했을 때, 잠시 그들과 말다툼을 벌이던 남자는 들고 있던 22구경 사냥총으로 아내의 친구를 살해한다. 도망치는 아내를 남자는 칼과 정글도를 들고 쫓아가 붙들고 새끼손가락을 잘랐고, 겁에 질린 아이들에게 아내를 끌고 가 이렇게 말한다. "이리 와서 엄마에게 작별 인사를 하렴." 그러나 기적적으로 아내는 남자의 손을 뿌리치고 도망치는 데 성공했고, 브래들리 왈드럽Bradley Waldroup이라는 이름을 가진 이 남자는 살인 용의자로서 법정에 서게 된다.

유전자는 행동에 어디까지 책임을 지는가?
출처: medicalfuturist.com

과연 브래들리 왈드럽은 사형 선고를 받았을까? 결론부터 말하면 그렇지 않았다. 왈드럽은 자신의 범행을 인정했고, 증거 역시 분명했다. 그러나 변호인들은 왈드럽의 혈액 샘플로부터 X 염색체에 위치한 모노아민 산화 효소 A, 즉 MAOA의 유전자 변이를 증거로 제출했다. 왈드럽에게 유전적 변이가 있었고, 그게 그의 폭력적 범행을 촉발했다고 주장한 것이다.

옆에서 거드는 게임이 더 밉다

왈드럽의 범행은 정말로 유전자의 책임일까? 폭력성이 유전자에 달려 있다고 주장하는 것은 다소 위험하다. 과학은 나치의 우생학을 경계해야 하기 때문이다. 왈드럽과 같은 유전자의 변이가 있음에도 불구하고 살인 등의 폭력 범죄를 저지르지 않는 이들은 숱하게 많다. 즉, 유전자는 행동에 영향을 줄 수 있을 뿐 절대로 행동을 단독으로 지배하거나 결정하는 요소가 아니다. 이러한 전제를 바탕으로 미국 스탯슨 대학교의 크리스토퍼 퍼거슨Christopher J. Ferguson 교수는 텍사스 A&M 대학교 재직 시절에 다음과 같은 연구를 수행했다. 바로 공격적 성향 및 가정 폭력, 남성이라는 젠더가 폭력 범죄의 강력한 예측 요소로 지목되는 반면 폭력적 게임에 대한 노출은 상대적으로 공격 행동 유발과 관련이 없다는 점을 밝혀낸 것이다. 이러한 결과를 종합하여 퍼거슨 교수는 일반 공격 모델에 대항하는 촉매 모델Catalyst Model을 제시했다.

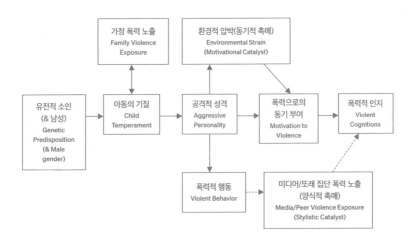

게임을 포함한 폭력적인 미디어가 공격적인 성향 및 행동에 대한 직접적인 원인이 될 수 없으며 그저 공격성을 '촉매'할 뿐이라는 촉매 모델

촉매 모델은 게임을 포함한 폭력적인 미디어가 공격적인 성향 및 행동에 대한 직접적인 원인이 될 수 없으며 그저 공격성을 '촉매'할 뿐이라 설명한다. 폭력적 게임에 장기적으로 노출된 영향을 보기 위하여 젊은 층의 공격성과 데이트 폭력을 게임과 관련시켜 관찰한 퍼거슨의 다른 연구는, 폭력적 비디오 게임의 노출이 공격성뿐 아니라 우울, 반사회적 성격 특성과 같은 어떤 부정적 결과와도 연관이 없다고 보고했다. 그보다는 가정 폭력이나 또래 집단 간의 갈등 및 폭력이 공격적인 성향에 더 큰 예측 요소로 나타났던 것으로 추정되었다.

이와 같이 촉매 모델을 지지하는 연구들은 유전적 혹은 환경적 요소로 결정된 개인의 성향이 공격성에 영향을 미친다면 게임의 폭력적 내용 단독으로는 인간의 공격 행동과 상관없을 것이라는 점을 계속해서 강조하고 있다.

실존하는 가상 사회

함께 게임으로 세상을 만들 수 있다면

게임하는 내내 자잘한 퀘스트가 주어지거나 목표가 확실한 게임도 많지만, 최근 각광받고 있는 게임 중 '샌드박스sandbox'라는 재미있는 속칭으로 불리는 장르가 있다. 샌드박스란 말 그대로 모래 놀이터다. 그곳에서 아이들은 모래성을 쌓을 수도 있고, 술래잡기를 할 수도 있으며, 나뭇잎이나 열매를 모아서 소꿉놀이를 할 수도 있다. 이처럼 주어진 공간 내에서 강제된 목표 없이 자유롭게 무언가를 만들고 참가자와 상호 작용하고 협동하는 게임이 바로 샌드박스형 게임이다.

이렇게 특별한 규칙 없이 레고처럼 높은 자유도로 주어진 자원을 이용하는 게임의 대표적인 사례로 〈마인크래프트Minecraft〉나 〈테라리

아〈Terraria〉를 들 수 있다. 〈마인크래프트〉의 경우 두 명 이상의 인원으로 함께 진행하는 맵을 이용자들이 직접 만들고 자유롭게 공유할 수 있다. 이러한 협동 맵은 마치 방 탈출 게임처럼 플레이어 간의 협동이 있어야만 성공적으로 탈출할 수 있으며 이용자들 사이에서도 인기가 높다. 또한 생존형 게임으로 정평이 나 있는 〈굶지 마Don't Starve〉라는 게임 역시 〈굶지 마 투게더Don't Starve Together〉라는 멀티플레이용 플랫폼을 출시했다. 〈마인크래프트〉와 같은 가상 체험을 제공하는 플랫폼으로서의 게임보다 한정된 자원을 제한된 시간 안에 최대한으로 활용하는 전통적인 게임의 정의에 좀 더 부합하는 게임으로, 이용자 간의 상호 작용에 초점을 맞춘 협동 게임을 제공한다. 게임 속에서 이용자는 마치 무인도에 떨어진 것처럼 아무것도 없는 상황에서 2인 이상의 상대방과 함께 역할 분담을 하여 아이템을 줍고 거처를 마련하며 외부의 적과 싸워나가는 과정에서 생존을 도모해야만 한다.

내 편에 기대 서서 기대하기, 결속적 일반 호혜성 모델

게이머 사이의 협동이 필요한 게임에 대한 분석은 기존의 일반 공격 모델보다 촉매 모델을 기반으로 한 결속적 일반 호혜성 모델Bounded Generalized Reciprocity, BGR에 근거해 주로 게이머 간의 협력 혹은 갈등에

위 <마인크래프트>의 2인 협동 모드 맵
출처: App Store

아래 <굶지 마 투게더>의 게임 장면
출처: App Store

집중한다. BGR 모델은 게이머가 서로 협동하여 목적을 수행해야 하는 비디오 게임과 관련된 여러 연구를 통해 소개되어왔으며, 상대가 다른 집단에 속해 있을 때보다 같은 집단에 속해 있을 때 더 호의를 베푸는 등 긍정적인 사회적 관계를 맺을 것이라고 설명한다. 협동이 필요한 게임은 게이머에게 자기편과 상대편 사이의 구분을 만들어준다. 아군은 나를 도와줬고 도와주며 앞으로도 도와줄 상대일 것이고, 적은 아군과 함께 물리쳐야 할 대상이다. 따라서 협동 모드에서의 게임 플레이는 아군 또는 적인 서로에 대한 게이머의 호혜적 기대reciprocity expectation에 영향을 미칠 뿐 아니라 게임 직후의 정서 및 행동에도 영향을 미칠 수 있다.

만인의, 만인에 대한 '도움'

이 결속적 일반 호혜성 모델을 기초로 하여 2013년 미국 텍사스 A&M 대학에서 수행된 한 연구는 게임 자체의 폭력성이 아닌 게임을 하는 모드, 즉 협동 모드 혹은 경쟁 모드로 게임을 하는지에 따라 개인의 공격 행동이 다르게 나타난다는 점을 지적했다. 다시 말해 폭력적 게임 단독만으로는 공격적 성향의 예측 요소가 될 수 없다는 의미다. 폭력적인 비디오 게임이 공격성을 증가시키고 친사회적 능력 및 공감 능력을 감소시킨다는 기존 연구들과 달리, 이 연구는 게임 내 협동 행위가 공감 능력 및 협력 행동을 줄어들게 하는 폭력적 게임의 부정적 영향을 감소시켰음을 관찰했다. 다시 말해 협동 모드co-operative mode로 게임을 했을 때는 게임의 폭력적 내용과 관계없이 참여자의 공격적 행동이 감소했고, 대인 관계 반응성 척도Interpersonal Reactivity Index, IRI로 보고된 공감 능력에는 영향이 없었다. 폭력적인 게임의 내용 자체가 게임 플레이어의 공격성과 친사회적 행동 및 공감 능력에 영향을 거의 미치지 않던 것이다. 이를 바탕으로 우리는 실제 삶에서 폭력적 미디어가 공감 능력에 미치는 영향은 극히 작을 뿐 아니라 폭력적 내용 자체보다는 게임을 하는 상태, 즉 협동 모드인지 아닌지의 여부가 공격성에 영향을 미치는 변수라는 점을 추론할 수 있다.

게임도 맞들면 낫다

그렇다면 게임에서의 협동 모드는 공격성과 친사회적 행동 및 공감 능력에 구체적으로 어떤 영향을 미치는 것일까? 흔히 청소년은 친구들과 함께 온라인 게임을 하면서 친교를 쌓곤 한다. 만일 게임을 서로 경쟁적으로 플레이한다면 협동적으로 플레이할 때보다 공격성과 친사회적 행동, 공감 능력 및 신뢰에 부정적인 영향을 미치게 될까? 결과적으로,

게임을 경쟁 모드로 플레이하였을 때 친구 간 친밀도가 낮아진 데 반해 협동 모드로 수행한 조건에서 참여자의 행동이 보다 긍정적이고 친사회적으로 관찰되었음이 2019년 네덜란드의 라드바우트 대학교 연구팀을 통해 밝혀졌다. 만약 게이머 간의 협동이 더 강조된다면 게임은 사회성을 함양하는 한 방편으로 이용될 수 있지 않을까? 일련의 연구 결과들을 바탕으로 폭력적인 게임이 무조건 공격성을 유발한다는 일반 공격 모델의 기본 가정에 대해 보다 정교하게 관찰하여 게임의 영향에 직접적으로 관여하는 변수들을 다시 점검할 필요가 있다.

친구와 함께 게임을 즐기고 있는 청소년들
출처: SHUTTERSTOCK

우리에게 숙제로 남겨진 게임

귀여운 것들은 왜 깨물고 싶어질까

경쟁적 게임이 공격성을 아예 유발하지 않는다는 주장은 설득력이 없다. 경쟁적인 게임 안에서는 더 좋은 아이템, 더 좋은 장비, 더 좋은 자원을 얻기 위한 투쟁이 필수이고, 게임에서 이기기 위해 게이머는 고도의 전략과 자기 통제를 수반하는 공격성을 경험할 가능성이 크다. 그렇다면 이런 공격성은 부정적인 정서로만 조명되어야 할까?

공격성에 대한 논의는 정신분석학적 관점에서 시작해 사회 학습 이론, 인지적 관점, 신경생물학적 관점에 이르기까지 다양한 범위에서 이루어져왔다. 특히 몇 년 전 화제가 됐던 '귀여워하는 공격성cute aggression'이라는 개념은 공격성의 예상치 못한 아이러니한 특성을 보여준다.

　　　　　　　　　　　3　공격성 | 게임은 컨트롤러인가, 칼인가

이 개념은 귀여운 아기나 강아지를 보았을 때 깨물거나 꼬집고 싶어지는 심리적 반응을 가리킨다. 2018년 미국 캘리포니아 대학교 연구팀은 통상적으로 귀엽다고 여겨지는 동물의 사진과 정서적으로 중립적인 평범한 동물 사진을 차례로 보여주는 실험을 수행하였는데, 실험 참여자는 귀여운 사진을 보았을 때 주어진 '뽁뽁이'를 더 많이 터뜨렸다. 이들의 뇌를 관찰한 결과, '귀여워하는 공격성'을 느낄 때 뇌는 보상 반응을 활발하게 일으키는 것으로 확인되었다. 보상 반응이란 감정 및 그와 관련된 호르몬의 균형을 되찾기 위한 현상이다. 즉, '귀여워하는 공격성'은 귀여움을 느낄 때 인간이 경험하는 압도적인 감정이 스스로를 통제 불능 상태로 빠뜨리지 않도록 브레이크를 걸어주는 예방 조치와 같다. 그렇게 해야만 우리는 이성적인 상태로 귀여운 아기나 동물의 생존을 도와줄 수 있기 때문이다.

공격성, 인간의 재능

공격성은 인간이 자신뿐 아니라 자신에게 소중한 대상을 지키려는 데서 비롯되는 중립적인 본능의 차원이기에, 사회 규범 내에서 어떻게 이해되고 관리되어야 하는지에 따라 그 운명이 달린 인간의 특성일 것이다. 문제는 공격성 자체가 아닌 공격성의 방향과 정도다. 우리가 폭력적인 게임에서 떠올리는 '부정적'인 측면에서의 공격성과 달리 공격 행동임에도 불구하고 사회 규범에 의해 받아들여지는, 사회 구성원들에게 이로움을 준다고 믿어지는 친사회적 공격 역시 존재한다. 스포츠와 같은 선의의 경쟁이나 법의 집행, 부모의 훈육, 전시 명령에의 복종 등이 여기에 속한다. 사회적으로 허용되는 공격 행동은 이러한 친사회적 공격과 반사회적 공격 사이에 위치하게 되는데, 경기 중 선수를 퇴장시키는 행위 혹은 범죄에 대한 정당방위로서 행사되는 폭력이 바로 그 사례이다. 따라서 공격성은 반사회적 공격성이 아닌 친사회적 공격성으로, 즉 타인과의 경쟁 속에서 스스로의 발전을 도모하는 정서적 계기로 다듬어져야 할 필요가 있다.

공격성은 악도 필요악도 아니다. 제거되어야 하고 또 그럴 수 있는 특성도 아닌 것이다. 일찍이 앤서니 스토Anthony Storr는 그의 저서 『공격성, 인간의 재능Human Aggression』에서 공격성 자체는 문제가 아니며, 개인으로 하여금 공격성을 증오 표현으로 전환시키는 일련의 사회 문제, 즉 시스템에 본질적인 의문을 제기한 바 있다. 스스로의 영역을 주체적으로 넓혀가며 목적의식과 종족 보존 본능, 원동력 등으로 발현되어야 할 공격성은 결국 개인을 스스로의 부품으로 삼는 사회에 부딪혀 사회가 용인할 수 없는 증오 표현, 즉 반사회적 공격 행동의 표출로 이어질 수밖에 없다. 이는 게임이라는 보기 좋은 핑계를 이용해 사회가 스스로의 성찰을 게을리해서는 안 된다는 작금의 문제의식과도 분명

맞닿아 있다.

게임은 억울하다

공격성의 순기능을 인정한다 해도 부정적인 의미의 공격성을 게임이 직접적으로 유발한다는 주장과 일반 공격 모델의 메커니즘은 여전히 세밀하게 검토해야 할 필요가 있다. 일반 공격 모델은 공격성을 설명하기 위해 가장 널리 사용되는 설득력 있는 이론 중 하나다. 이를 바탕으로 폭력적인 미디어, 특히 게임의 폭력성이 공격성에 영향을 미친다는 많은 연구 결과가 보고되어왔다. 그러나 최근 들어 적지 않은 연구들이 게임의 폭력적 내용이 인간의 공격성에 직접적으로 영향을 미치는 변수가 아닐 수 있음을 지적하고 있다. 유전적 요소와 환경적 요인으로 형성되는 개인의 성향에 초점을 맞추거나, 게임에서의 협동 모드를 활용하여 게임의 긍정적인 측면에 초점을 맞춘 연구들이 지속적으로 증가하고 있는 추세다.

폭력적인 게임과 공격성 간에 실질적인 연관이 없다고 보고한 연구는 기존의 일반 공격 모델을 정면으로 반박한다. 일반 공격 모델은 개인의 폭력성에 영향을 미치는 환경적 요소 및 유전적 소인 등의 변수를 적극적으로 고려하지 않는다. 이에 반해 촉매 모델을 위시한 최근의 여러 연구는 게임의 내용 자체보다 게이머가 게임을 하는 맥락이 어떻게 게이머의 인지와 정서, 각성에 영향을 미치는지를 확인해야만 개인의 공격성이 어떤 변수와 상호 작용하는지 밝혀낼 수 있다고 주장한다.

숙제가 되어버린 게임

이분법은 대상이 가진 여러 측면과 문제를 단순화해 그 대상을 평면적으로 만든다. 그간 게임은 공격성에 대한 부정적인 어감과 더불어 '좋다'와 '나쁘다'라는 단순한 가치 판단으로 재단되어왔다. 그러나 공격성은 그 자체로는 가치 중립적이다. 다만 촉매되는 정도와 방향에 따라 친구와 달리기 경주나 성적을 다투는 소위 '온건한' 방식으로도, 혹은 어느 날 교실로 총을 가지고 가는 '극단적인' 방식으로도 나타날 수 있다. 아직 꽃의 빛깔을 알 수 없는 씨앗처럼 공격성은 우리 손안에 쥐어져 있는 것이다. 따라서 폭력적인 게임이 게이머의 공격성을 극단적이고 파괴적인 방향으로만 발현시키는지 좀 더 깊이 들여다볼 필요가 있다. 그리하여 공격성을 불러일으키는 것이 게임 내용 자체만의 문제인지, 혹은 게임 외부 요소들과 상호 작용하여 이용자의 정서 및 행위에 관여하는 것인지 면밀히 살펴야 할 것이다.

사회에 도움이 되지 않는 방향의 공격성에 대한 탓을 단순히 게임이라는 콘텐츠 단독에만 전가하는 것은 긍정적인 문제 해결 방식이 아니다. 늘 숙제를 미루고 게임을 했던 우리에게는 이렇게 피해 왔던 게임에 대한 숙제가 주어진다. 그동안 우리도 모르게 품어왔던 편견과 인식을 제고하기 위해, 기존의 이분법적 틀을 벗어나 성찰적인 태도로 게임의 순기능과 역기능을 동시에 다각도로 재고할 필요성을 지금부터라도 직시해야 한다.

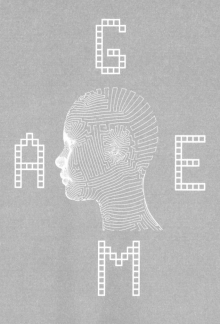

GAME

4

자기 통제력

게임하고도 서울대에 간 아이들

자녀의 더 나은 학업 성취를 위해 학부모는 자녀의 학업 환경을 통제한다. 그리고 이 과정 속에서 학부모와 자녀 사이에 벌어지는 대표적인 갈등 장면에 게임이 존재한다. 게임을 하고 싶어 하는 자녀와 이를 못하게 저지 또는 제지하는 부모의 상황은 우리 사회, 특히 학부모 입장에서 자녀의 게임 이용에 대한 부정적인 인식과 태도를 보여준다.

게임을 하면 정말 학교 성적이 떨어질까? 게임을 안 하면 좋은 대학에 갈 수 있을까? 국내 내로라하는 대학의 학생들도 게임을 여가 활동의 하나로 선택한다. 실제로 많은 명문대생은 드라마 〈스카이 캐슬〉의 예서처럼 밤낮으로 공부에만 전념하기보다 좋아하는 여가 활동을 하면서 스트레스를 해소하고 교우 관계를 돈독하게 유지한다. 공부로 지친 뇌를 게임하면서 잠시 쉬게 해 스트레스를 풀어주고 공부의 효율을 높이는 것이다. 부모와 교사는 게임에 대한 학생들의 관심을 억지로 차단하기보다 우선순위를 설정하고 절제력을 바탕으로 게임을 플레이하도록 지도하는 것이 좋다.

'딱 한 판만 더' 하고 싶은 충동을 의식하는 것은 역으로 게임의 늪에 빠져드는 지름길이다. 게임을 지금이 아닌 나중에 하기로 마음먹었다면 주의를 돌려 새로운 활동이나 즐거운 생각에 집중하는 것이 도움이 된다. 과한 게임 이용은 수면 부족, 시간 낭비, 집중력 저하 같은 문제를 유발한다는 것을 잊지 말자.

부정적인 효과를 자각하고 문제의식을 가지며 개인에게 맞는 적절한 선을 찾아가는 것이 건강한 게임 이용 방법이자 생활 태도다. 실생활에서 자기 통제력을 연습하는 것은 우리를 발전시키기도 하며, 미래에 자신이 지향하는 모습의 사람이 되기 위한 기본 자질이기도 하다.

미래의 나를 변화시킬 수 있는 자기 통제력

게임과 나 사이의 보이지 않는 '밀당'

"딱 한 판만", "진짜 딱 한 판만 더 하고", "이번이 진짜 마지막", "이제 진짜진짜 마지막"으로 이어지는 게임과 나의 밀당은 게임을 계속하고 싶은 충동, 꼭 이기고 게임을 마치고 싶은 욕심, 플레이에서 나가겠다는 파티원을 붙잡고 한 판만 더 하자고 매달리는 상황으로 나아간다. 게임에 대한 절실함을 정말 마지막 한 판으로 마칠 수 있는 사람과 또 다른 마지막 한 판으로 이어지는 사람 사이에는 과연 어떤 차이가 있을까?

게임을 하고 싶은 유혹에 저항하고, 게임이 주는 당장의 성취감을 얻으려 하기보다 우선순위가 더 높은 일에 집중하는 것, 그 능력의 중심에 자기 통제력이 있다. 자기 통제력이란 현재의 즉각적인 보상보다 미래의 큰 보상을 선호해 당장의 충동적인 욕구나 만족을 지연시키는 능력을 의미한다.

욕망을 컨트롤하는 능력, 자기 통제력

자기 통제는 다른 인지 기능이 그렇듯이 주의, 의사 결정 등 다양한 인지 기능과 밀접한 관련을 갖는다. 자기 통제는 고위 인지 기능의 총칭인 집행 기능의 하위 인지 기능 중 하나이다. 뇌에서 집행 기능을 담당한다고 알려진 전두엽 부위의 활성화는 곧 자기 통제 수행과도 밀접한 관련을 갖는다. 특히 자기 통제 수행에 관여하는 행동 억제, 자기 조절, 감정 조절 등은 다양한 뇌 영상 연구를 통해 전두엽 피질의 활성화와 관련되는 것으로 나타났다.

자기 통제는 생물학적, 유전적 요인에 의해 형성될 수 있다는 연구 결과와 환경적 요인에 의해 형성된다는 두 가지 입장 모두 존재한다. 따라서 생물학적으로 타고난 개인차가 있을지라도 환경적 요인에 의해 변화할 수 있다. 더구나 자기 통제와 관련된 신경 기전으로서 전두엽은 뇌 구조 중 가장 늦게까지 발달하는 영역인 것으로 알려져 있다. 청소년 시기에도 전두엽의 발달은 계속된다. 고로 자기 통제 역량은 어린 시절에 정해지는 것이 아니라 지속적으로 변화할 수 있다.

중요한 시험을 앞두고 게임의 유혹을 물리쳐야 하는 경우를 생각해 보자. 게임은 즐거운 것이고, 공부는 즐겁기보다 어려운 것이다. 게임의 화려한 그래픽과 캐릭터가 주는 즐거움에서 눈을 떼기는 어렵지만 교과서는 대체로 밋밋하고 지루해 눈이 감긴다. 게임에서는 상대적으로 짧은 시간 동안의 플레이로도 내가 기대하는 정도의 레벨업이 가능하지만, 공부로 같은 시간 대비 원하는 성적에 도달하기 쉽지 않다. 단, 게임은 지금 해도 그만, 안 해도 그만인 여가 활동 중 하나인 데 비해 시험의 결과는 차곡차곡 쌓여 인생 진로에 지속적인 영향을 미친다.

따라서 시험을 앞두고 게임을 하는 것은 현재의 즐거움을 위해 미래의 중요한 가치를 희생하는 낮은 수준의 자기 통제력이 반영된 선택이라는 것을 의미한다. 반면 게임을 하고 싶은 마음을 참고 시험을 준비하는 것은 미래의 즐거움을 위한 강한 자기 통제력이 반영된 선택이다.

마시멜로 실험 해석의 주의

'마시멜로 실험The Marshmallow Test'으로 유명한 심리학자 월터 미셸Walter Mischel은 바로 먹을 수 있는 프레즐보다 더 좋아하는 마시멜로를 먹기 위해 기꺼이 기다린 어린이들이 대학 능력 시험에서 평균적으로 더 높은 점수를 기록했고, 대인 관계도 원만했으며, 스트레스를 대처하는 역량이 더 높은 등 전반적인 발달 성취도가 높다는 것을 밝혀냈다. 이는 어린 시절의 자기 통제가 훗날 개인적, 사회적, 경제적으로 성공하는 데 미치는 중요성을 보여주는 실험이었다. 마시멜로 실험은 한동안 많은 강연을 통해 퍼지고, 교양서에 실리며 유명세를 탔고, 언론은 실험을 재현하기도 했다. 그러나 마시멜로 실험 결과를 절대적인 미래의 성공을 가르는 기준으로 해석해서는 안 된다.

마시멜로 실험은 유명했던 만큼 최초 실험 디자인의 한계를 보완한 여러 후속 실험을 낳았다. 그중 일부는 이전 연구와 마찬가지로 마시멜로를 먹기 위해 기다리면서 만족감을 지연시킨 것이 아이의 성공적인 미래와 관련된다는 것을 보여줬다. 아이에 대한 부모, 선생님, 평가 또는 자기 보고 등으로 측정된 자기 통제 능력이 또래보다 우수할수록 성인이 되었을 때 연봉, 재정 상태, 신체·심리적 건강 상태, 직업 위세 등에서 더 나은 위치를 가진다는 것은 사실 당연해 보이기까지 한다.

한편 다른 여러 연구는 자기 통제력이 개인의 성공 예측 요인이 아니라고 주장한다. 개인의 지적 수준이나 가족의 사회·경제적 지위가 자기 통제력과 유사한 정도로 성공적인 미래를 예측했기 때문이다. 자기 통제력은 부모의 소득 수준이나 양육 환경, 양육 태도 등 다른 요소와 매개되어 밀접히 상호 작용하기 때문에 자기 통제력만으로 학업 성취를 포함한 삶의 전반을 예측하기에는 부족할 수 있다. 따라서 어린 시절에 만족을 지연시키는 능력이 성공적인 미래를 예측하는 절대적인 잣대는 아니다.

내 능력 밖에 있는 지적 수준, 가정 환경, 사회적 여건과 달리 자기 통제력은 한 사람이 스스로 미래 모습을 변화시킬 수 있는 요소이다. 아동은 청소년기를 지나 성인에 이르기까지 무수한 의사 결정 과정을 거친다. 하나의 의사 결정은 연쇄적으로 그다음의 행동과 또 다른 선택으로 이어진다. 이러한 점을 고려하면 자기 통제력이 반영된 작은 선택은 당장은 미미해 보일지라도 나비 효과가 되어 인생 전반에 큰 영향을 미친다.

유혹을 견디려면 주의를 분산시켜라

성공적인 기다림의 비밀

자기 통제는 어떻게 이루어지는 것일까? 마시멜로 실험에서 마시멜로를 먹기 위해 끝까지 기다린 아이들은 무엇을 하면서 시간을 보냈을까? 마시멜로 실험은 하나의 실험이 아니라 테스트 조건을 달리한 일련의 실험으로 구성되어 있다. 테스트 조건은 장난감 가지고 놀기, 즐거운 생각 하기, 슬픈 생각 하기, 기다리면 받을 수 있는 보상(마시멜로)을 생각하기, 아무것도 하지 않기까지 크게 다섯 가지가 있다.

간식이 눈앞에 놓여 있는 상황에서 아이들은 즐거운 생각을 할 때 가장 긴 시간을 기다릴 수 있었다. 장난감을 가지고 놀 때는 그다음으로 오랜 시간을 기다릴 수 있었다. 기다려야 하는 시간은 최대 15분이었는데, 앞의 두 조건에서는 이 15분을 기다린 아이가 다수였다. 기다리면 주어질 보상 또는 슬픈 생각을 할 때는 5분 안팎의 시간을 기다렸다. 반면 아무것도 하지 않는 조건에서는 1분 내외를 기다렸다. 이것이 성공적인 기다림의 비밀이다. 현재의 충동에 얽매이지 않고 다른 데로 주의를 분산시킬수록, 혹은 인지 과정이 요구될수록, 특히 즐거운 생각을 떠올릴수록 더 오랜 시간을 기다릴 수 있다.

자기 통제가 이루어지는 과정을 '기다림을 선택하는 과정'과 '기다림을 지속시키는 과정'으로 구분해 생각해 보자. 선택의 기로에 놓인 우리는 우선 시간이 지난 뒤 받을 보상을 위해 기다릴 것인지 선택해야 한다. 그러기 위해서 인내 끝에 받게 될 보상이 나에게 어떤 의미인지 따져보아야 한다. 지금 당장 하고 싶은 것을 하기보다 기다려서 받게 될 보상이 나에게 더 가치 있는 일인지 스스로 평가를 내려야 하는 것이다. 눈앞의 보상이 주는 달콤함을 참고 기다릴 가치가 있다고 판단했다면 이는 곧 기다림을 선택하는 것으로 이어진다.

기다림의 핵심은 작은 보상으로부터 주의를 분산시키는 것이다. '주의를 분산시키는 것'은 큰 보상에 집중하지도 집착하지도 않는 것을 말한다. 내게 주어질 큰(지연된) 보상만을 생각하고 무작정 시간이 흐르길 기다리는 것은 오히려 성공적인 기다림을 방해한다. 이뿐만 아니라 당장 할 수 있는 것을 포기하며 선택한 기다림이기에 즉각적인 만족감을 얻지 못한 좌절감에 휩싸이지 않도록 경계해야 한다. 다시 말해 큰 보상을 위해 기다리기로 결정했다면 새로운 것에 집중하여 효율적이고 생산적인 시간을 보내는 것이 도움이 된다.

　게임은 대개 당장 눈앞에 놓인 작은 즐거움이다. 지금 게임하고 싶은 큰 욕구를 참으면 더 큰 만족감을 얻을 수 있다. 게임기를 내려놓되 게임에 대해 생각하는 대신, 그와 관련 없는 다른 즐거운 생각을 떠올릴수록 우리는 게임과의 밀당에서 승리할 수 있다.

10대의 마시멜로

어린이에게는 달콤한 과자로 충분하지만, 청소년에게는 친구와 놀면서 얻는 만족감과 같은 다른 종류의 보상이 필요하다. 성인은 성인대로 타인의 인정을 좋은 보상으로 여긴다. 이렇듯 연령의 증가에 따라 경험이 달라지고, 행동 범위가 달라지기에 기꺼이 기다릴 수 있는 보상 역시 달라진다.

　학업에 치이는 다수의 10대 청소년에게는 어떤 것을 보상으로 줘야 할까? 공부를 열심히 해서 좋은 대학에 진학하는 것, 높은 사회·경제적 지위의 직업을 갖는 것, 더 많은 돈을 버는 것 등 아직 피부에 와닿지 않는 먼 미래의 보상이 수년 동안 꾹 참고 공부만 하기에 충분한 동기 부여일까? 15분을 참아서 마시멜로를 하나 더 받을 수 있는 상황과 수년에서 길게는 십여 년 뒤에 얻게 될 성취를 고대하는 상황은 서로 완전히 다르다.

최종 목표를 성취하게 되기까지, 그 기간이 길면 길수록 사이사이에 더 작은 목표를 만들고 적절한 보상을 줘야 한다. 10대에게 마시멜로는 게임이나 여가 활동이 될 수 있다. 하고 싶은 여가 활동을 즐기기 위해 해야 할 일을 열심히 하게 된다면 그 여가 활동은 조력자 역할을 맡은 것이다.

단, 지금 당장 게임을 켜는 충동적인 행동을 하거나 게임하는 시간만 목 빠지게 기다리는 것은 시간 낭비에 불과할 것이다. 게임을 즐기기 위해 해야 할 학교 과제나 목표했던 학습량을 먼저 채우는 것, 10대는 또래 관계 형성도 중요한 시기이니 친구의 부탁을 들어주는 등 관계를 다질 수 있는 행동으로 채우는 것, 사소하게는 밀린 방 청소나 책상 정리를 하는 것이 자기 통제 관점에서 좋은 선택이 될 수 있다.

게임을 할 수 있을 때까지 기다리는 동안 무엇을 할 것인가는 자기 통제력에 있어서 중요하다. 무엇보다도 주의를 게임으로부터 분산시키는 것이 중요한데, 우선순위에 따라 주의 분산 과제를 선정하면 더 도움이 된다. 학생에게 우선순위는 대개 시험일 것이다. 시험을 앞둔 상황이라면 당장 즐거움을 주는 게임부터 하고 시험 공부를 미룰 것인지, 당장의 즐거움을 참고 시험 공부를 한 다음 시험이 끝나고 더 즐거운 마음으로 게임을 할 것인지 선택해야 한다. 물론 후자를 택한다면 좋은 성적도 함께 가져갈 확률이 높아진다. 두 마리의 토끼를 모두 잡을 수 있을지, 그 선택은 각 청소년의 자기 통제 수준에 따라 달라진다.

게임하고도 서울대에 간 아이들

게임이 성적을 떨어트리는 주범일까

부모 마음은 다 똑같다. 자녀가 게임을 하지 않아야 성적이 오를 것 같고, 게임을 조금이라도 하면 성적이 떨어질 것만 같이 느껴진다. 공부와 게임 사이에 어떠한 관계가 있는지 살펴보기 위해 2019년 서울대 재학생(182명, 남학생 88명/여학생 94명)과 서울대를 제외한 타 대학 재학생(593명, 남학생 294명/여학생 299명)을 대상으로 설문 조사를 실시했다. 설문에 응답한 서울대 재학생 중 절반이 넘는 61.5%가 고등학생 때 게임을 이용했다고 답했다. 이 중 38.5%는 대학생이 된 지금도 여전히 게임을 즐기고 있다. 게임을 하면 성적이 떨어진다고 생각하기 십상인데 실제 결과가 말해 주는 바는 달랐다. 실제로 높은 학업 성취를 달성한 학생들 중 절반 이상이 청소년 시기에 게임을 이용했다는 것은 게임이 성적 하락과 직결된다는 세간의 시선이 옳지만은 않을 수도 있다는 것을 의미한다.

우리의 학창 시절에 게임이 있어서 다행

해당 조사를 통해 우리는 서울대 학생들이 게임에 대해 어떻게 생각하는지도 살펴봤다. 이들이 전하는 공통적인 메시지는 크게 두 가지로 구분할 수 있다. 게임은 하나의 여가 활동이라는 점과 그 이용의 바탕에 자기 통제가 있어야 한다는 점이다.

청소년 시절에 게임을 이용했던 서울대생의 첫 번째 메시지는 음악 감상, 스포츠 활동, 인터넷 서핑 등 다른 여가 활동과 마찬가지로 게임이 하나의 여가 활동으로 인정받아야 한다는 것이다. 다른 여가 활동과 달리 유독 강한 통제의 대상으로 여기는 것은 게임이 주는 이점을 전혀 고려하지 않은 과도한 선입견으로 보인다.

"게임이 학업에 도움이 되기는 어렵고, 또 중독성이 강한 것은 맞다. 하지만 하나의 여가 활동으로 인정해 주는 것도 필요하다."
"스트레스 해소용으로 게임을 조금씩 한다면 매우 좋은 활동이지만, 과도하게 시간을 투자해서 피로할 정도로 하는 것은 좋지 못하다."

"여전히 게임은 다른 것들과 마찬가지로 과도하게 하지만 않으면 좋다고 생각한다."

우리나라 청소년이 감당해야 할 스트레스에 비해 이를 해소하기 위해 즐길 수 있는 여가의 종류는 시간적으로도 경제적으로도 제한적이다. 어려운 공부나 학업 성취에 대한 압박, 부모의 기대감에 대한 심리적 부담에서 잠시 벗어나기 위해서, 또는 자아 정체감을 형성하는 시기에 감당해야 할 온갖 스트레스를 해소하기 위해 선택할 수 있는 몇 안 되는 여가 선택지 중 하나다. 영화, 아이돌 콘서트, 연주회 관람 등 문화생활을 하거나 운동 경기를 시청하는 등의 여가 활동은 정해진 일정에 맞춰야 하지만 게임은 그렇지 않다. 경우에 따라 친구와 함께할 수도 있지만 혼자서도 얼마든지 원하는 시간에, 원하는 장소에서, 원하는 종류의 게임을 즐길 수 있다. 학업 등에서 오는 스트레스를 해소하고 기분 전환을 위해 게임을 할 수 있다는 것은 우리나라 청소년들에게 편리하고 큰 위안이다.

실제로 같은 설문 조사 결과에서 학생들이 게임을 하는 이유로 선택한 것은 게임을 통한 재미(71.4%), 스트레스 해소(62.5%), 친구들과의 어울림(53.6%), 이동 시간 활용(32.10%) 순으로 나타났다. (중복 응답을 허용했으므로 합계는 100%가 넘는다.) 즐거움, 스트레스 해소, 또래 관계 증진을 위해 선택하는 게임은 건강한 여가 활동이 될 수 있다.

게임을 즐기면서 높은 학업 성취도를 유지하려면

청소년 시절에 게임을 이용했던 서울대생이 주는 두 번째 메시지는 게임을 어떻게 이용하느냐가 중요하다는 것이다. 흥미로운 것은 하나의 여가 활동으로 게임을 인정해야 한다는 생각을 바탕으로 학생들은 스스로 게임의 중독성과 과도함이 주는 부작용을 인식하고 있었다.

> "게임에 대한 가치 평가보다는 어떻게 이용하느냐의 문제이다."
> "적당히 조절해 사람들과 같이 즐긴다면 게임으로부터 여러 가지 장점을 얻을 수 있다."
> "적절한 이용은 스트레스 해소에 좋으나, 주객이 전도될 정도로 게임에 빠지면 위험하다. 따라서 여유 시간이나 친구와 같이 즐기는 것 외에 게임을 별로 하지 않는다."
> "스스로 적절한 수준의 게임을 하도록 자제하는 편이다."

위 결과에서 가장 두드러지는 것은 '적당한' 조절이 필요하다는 인식이다. 게임을 하는 동안에는 오직 게임에만 몰두하게 된다. 게임만큼 청소년들이 즐기는 여가 활동 중 하나인 음원 스트리밍과 비교해 보자. 스트리밍을 통한 음악 감상은 대체로 수동적인 태도만을 요한다. 음악을 들으며 공부를 할 수도 있고, 버스를 타거나 걸어가는 이동 시간 중에도 음악을 들을 수 있다. 이렇게 음악을 듣는 여가 활동은 동시에 다른 활동을 가능하게 하는 반면 게임은 그렇지 않다. 다른 데에 눈을 돌릴 틈 없이 쉴 새 없이 몰입해야 하기 때문에 모든 장면과 변환에 고도의 시청각적 주의 집중이 요구된다. 실시간 가용한 아이템을 확인하고, 공격할 상대를 정하고, 선택한 공격 방법을 수행하기까지 그 모든 행위는 자신의 캐릭터 조작과 움직임에 적극적으로 참여하는 자기 주도적 활동이기 때문이다.

설문 조사에서 게임이 학업에 방해된다고 생각한 이유로는 시간 낭비(81.8%), 게임 후 피로감 또는 자괴감(52.1%), 집중력 저하(48.3%) 순으로 나타났다. (중복 응답을 허용했으므로 합계는 100%가 넘는다.) 정해진 학교 교육이나 사교육 시간에는 게임을 할 수 없다. 따라서 게임은 여가 시간을 차지한다. 그런데 여가 시간을 이용한다는 것은 수면 시간이나 식사 시간, 개인 공부의 양과 밀접한 관련이 있다. 즉 얼마나 게임을 하느냐는 다른 활동에 투자할 수 있는 시간을 줄이는 문제와 직결된다. 이런 점에서 게임을 이용하는 서울대 학생들은 더 높은 우선순위에 있는 학업 활동에 지장을 주지 않는 선을 스스로 설정하여 게임을 제한적으로 이용하고 있는 것이다.

서울대생의 청소년기 여가 활동

서울대생은 청소년 시기에 어떻게 게임을 했을까

게임을 하면서도 서울대에 간 학생들은 청소년 시기에 어떻게 '적절하게' 게임을 이용했을까. 학업 성취 우수 그룹인 서울대생(이하 A그룹)과 학업 성취 일반 그룹인 비서울대생(이하 B그룹)으로 나누어 청소년기 게임 습관을 비교해 봤다. 게임을 하는 빈도와 게임을 한 번 할 때 소요하는 시간을 중점적으로 살펴보자. 먼저 A그룹에서는 일주일에 1~2번 게임하는 비율이 가장 높게 나타났고, 그보다 더 적게 이용하는 비율이 그다음 순으로 나타났다. 반면 B그룹의 경우, 일주일에 3~4번 게임을 하는 비율이 가장 높게 나타났고, 그보다 더 자주 이용하는 비율이 그다음으로 높았다.

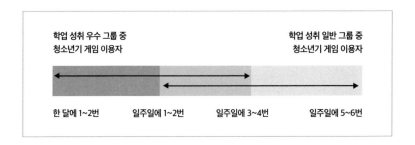

게임을 한 번 할 때 소요되는 시간을 측정했을 때 A그룹과 B그룹 모두 1~2시간씩 한다는 답변이 가장 많았다. 그러나 A그룹은 10분 이내 또는 1시간 이내로 게임을 이용한다고 응답한 비율이 높은 반면, B그룹은 3~4시간이 넘는 이용 시간에 대한 응답 비율이 더 높았다.

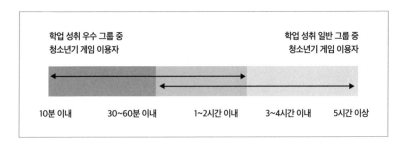

이 차이는 통계적으로도 유의미하다. 다시 말해 게임을 하는 것이 문제가 아니라 '얼마나 자주', '얼마나 오래' 이용하느냐의 차이가 학업 성취도에 차이를 만들어내는 원인이 될 수 있다는 것이다.

게임을 위한 시간 내기 vs. 쉬는 시간에 게임하기

A그룹과 B그룹 간의 게임 이용 시간 차이가 의미하는 것은 무엇일까. 단지 게임을 많이 하거나 적게 한다는 양적 차이 속에는 주목해야 할 사실이 숨어 있다. 그 차이는 게임 자체가 목적인지, 다른 행동을 목적으로 두고 게임을 보상으로 이용하는지의 여부에서 비롯된다.

단순히 유희를 즐기기 위한 게임이라면 게임을 하는 것만으로도 만족감을 찾을 수 있다. 그 만족감을 지속시키려면 게임을 이용하는 시간은 자연스럽게 길어지기 마련이다. 이 경우 게임을 우선순위에 두고 이에 따로 시간을 할당한다. 이때 플레이 시간은 상대적으로 길어지고, 또래와 협업을 할 수 있는 형태의 FPS First Person Shooter, 1인칭 시점에서 총기류를 이용해 전투를 벌이는 슈팅 게임나 MMORPG Massively Multiplayer Online Role Playing Game, 온라인 대규모 접속 환경에서 각자가 이야기 속의 캐릭터들을 연기하며 즐기는 역할수행 게임으로 온라인 RPG는 대규모 공성전, 파티 플레이 등 유저 간의 상호 작용을 강조한다와 같은 게임을 선호하는 것으로 관찰된다.

그런데 게임은 스트레스를 푸는 수단이기도 하다. 먼저 열심히 공부를 하고, 숙제를 하는 등 할 일을 마무리한 다음 홀가분한 상태에서 쉬는 시간을 이용해 게임을 하면서 이러한 해소를 맛볼 수 있을 것이다. 또한 이동을 하는 등 킬링 타임이 필요할 때 가벼운 게임을 즐길 수도 있다. 이 경우에는 주로 〈애니팡〉, 〈캔디크러쉬〉, 〈쿠키런〉처럼 짧은 시간에 즐길 수 있는 모바일 게임을 주로 이용하는 것으로 보인다.

공부도 열심히 해야 하고 게임도 하고 싶을 때, 결국 같은 상황에서 어떻게 게임을 이용하고, 언제 게임을 마칠 수 있을 것인지는 자기 통제력 수준에 달렸다. 즉, 게임에 할당할 여가 시간과 게임 이후 해야 할 활동이 어떤 영향을 받을지 예상하고 미리 조절하는 능력이 중요하다. 강조컨대, 게임을 이용하면서도 학업 성취 수준을 유지하거나 향상시킬 수 있는 핵심은 자기 통제력에 있다.

게임의 문제가 아닌 자기 통제력의 문제

이제 시각을 좀 더 넓혀보자. 앞에서 보았듯이, 청소년 시기에 게임을 이용하면서 서울대에 간 학생들은 상대적으로 게임을 적은 빈도로, 더 짧은 시간 동안 이용한 것으로 나타났다. 누구나 짐작했던 대로다. 정말 게임은 학업에 나쁜 것일까, 학업 성취가 우수한 학생들은 과연 학업을 위해 게임을 피하며 최대한 적게 이용한 것일까?

객관적인 게임의 지위를 살펴보기 위해서는 각 그룹이 게임 이외의 다른 여가 활동을 이용하는 수준도 함께 고려해야 한다. '학업 성취 그룹 구분에 따른 청소년 시기에 활용한 여가 활동' 그래프에서 짙은 녹색은 학업 성취 우수 그룹(A그룹)을, 옅은 녹색은 학업 성취 일반 그룹

(B그룹)을 가리킨다. A그룹을 기준으로 많이 참여한 여가 활동 활용 비율을 다음과 같이 나타냈다. 유독 눈에 띄는 부분은 B그룹의 옅은 녹색의 막대가 A그룹의 짙은 녹색의 막대보다 더 높이 솟아 있는 경향을 보인다는 것이다. 이것은 A그룹이 B그룹보다 여가 활동을 한 비율이 절대적으로 적다는 것을 의미한다. 다시 말해 학업 중심 일상을 반영하는 A그룹의 자기 통제력 수준은 게임을 상대적으로 더 적게 하고, 그마저도 짧게 했다는 결과로 드러난 것이다. 영화 관람 및 메신저 사용 시간 또는 유튜브 영상을 보는 시간 역시 A그룹이 상대적으로 적었다.

학업 성취가 우수한 학생들의 여가 활동 영위 수준이 전반적으로 낮은 것을 고려하면 게임에 대한 집중적 비판에는 분명 문제가 있다. 자기 통제 능력을 충분히 갖추고 게임을 알맞게 활용할 수 있는 가능성을 이러한 맹목적인 비난이 가리고 있는 것은 아닌지 생각해 봐야 한다. 무조건 게임을 하지 않아야 한다는 것은 옳지 않다. 자기 통제력 아래서 게임을 이용해야 한다는 점이 더욱 중요해지는 대목이다.

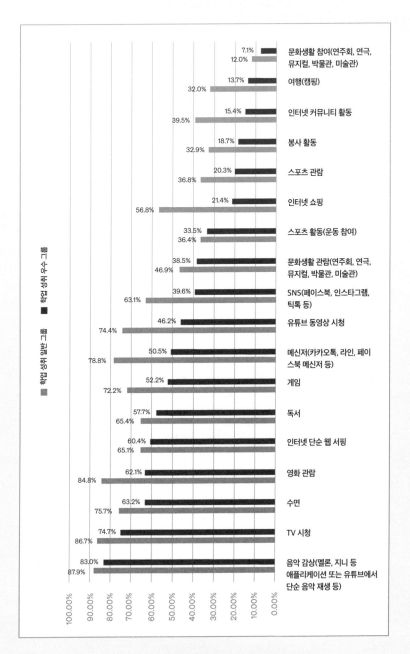

학업 성취 그룹 구분에 따른 청소년 시기에 활용한 여가 활동

공부와 게임, 우선순위 정하기

청소년기에서 자기 통제력의 중요성

청소년기는 여전히 부모의 도움이 필요한 시기다. 특히 청소년들이 즐기는 여가 활동 중 하나인 게임은 부모의 역할 개입이 큰 활동 중 하나다. 자녀가 원하는 대로 게임을 하게 내버려두거나, 게임을 전혀 하지 못하도록 강하게 통제하는 경우도 있다. 그러나 가장 일반적인 부모의 게임 통제 방식은 바로 게임하는 시간을 정해 두는 것이다. 그런데 부모의 통제 방식은 자녀의 대학 입시 등급과 관련이 없었다. 결국 중요한 것은 학생 스스로의 통제다. 과도하게 게임하는 것을 통제해야 게임을 안 하는 것은 아니다. 반대로 부모가 방임한다고 해서 게임을 많이 하는 것도 아니다.

게임 먼저 할까 vs. 과제 먼저 할까

게임을 하고 싶은 세 사람이 있다고 가정해 보자. A와 B, C는 같은 반 학생으로 함께 학교 수업을 듣고, 같이 학원에 가서 수업을 마친 뒤 집으로 돌아가는 길이다. A는 다른 친구들에게 집에 돌아가면 각자 집에서 게임에 접속해 게임을 하자고 했다. B는 같이 게임을 하기로 했고, C는 과제부터 해야 하니 같이 게임을 할 수 없다고 했다. 학교와 학원을 다녀온 A, B, C에게 남은 일과는 학교 과제와 게임, 저녁 식사로 동일하다. 남은 일과를 모두 수행하기만 한다면 어떻게 일과를 보내든 순서에는 문제가 없는 걸까. 자기 통제력의 측면에서는 그렇지 않다. 세 명의 상황을 관찰해 보자.

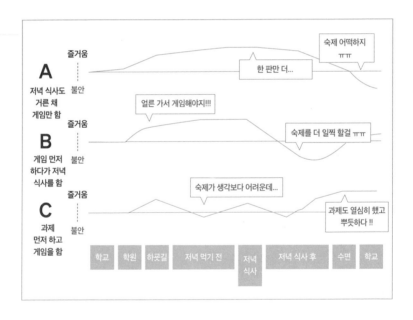

하교 후 남은 일과를 수행할 때 중요한 것은 학생 스스로 각 활동의 가치를 평가해 우선순위를 정하는 일이다.

4 자기 통제력 | 게임하고도 서울대에 간 아이들

집에 가면 게임을 하자고 제안한 A의 상황

집에 돌아와 온라인 게임에 접속해 B와 즐겁게 게임을 하는데 가족들이 저녁을 먹자고 부른다. B도 저녁을 먹어야 하니 진행 중인 게임만 마치면 그만해야겠다고 말한다. 그러나 A는 게임을 마치기 아쉬운 마음에 "한 판만 더 하고 가겠다."고 말하고는 저녁을 먹지 않은 채 다른 사람들과 다시 팀을 짜 게임을 계속한다. 배고픈지도 모른 채 A의 게임은 계속된다. 그리고 예상보다 늦은 시간이 되어서야 게임을 멈춘다. 학교 과제를 하려니 배가 고프고 눈도 피로해 집중이 안 된다. 할 수 없이 간단히 컵라면을 먹는다. 그런데 먹고 나니 잠이 쏟아진다. 오늘은 과제를 하기 힘들 것만 같다. 차라리 내일 일찍 학교에 가서 쉬는 시간에 하면 될 거라고 믿는다. 하지만 게임하느라 너무 늦은 시간에 잤더니 아침에 일찍 일어나지도 못했다. 쉬는 시간에 겨우겨우 숙제를 한 시늉만 내서 선생님께 혼나는 것만 피하기로 한다.

A와 함께 게임을 하다가 저녁 식사를 한 B의 상황

A와 게임을 하던 중 가족과 저녁 식사를 먹어야 해서 하던 판만 마무리하고 게임을 마쳤다. 저녁을 먹고 과제를 시작한다. 과제량이 적어서 금방 끝날 줄 알았는데 생각보다 시간이 걸린다. 게다가 예상보다 과제가 너무 어렵다. 이미 늦은 시간이라 졸리기도 하다. 스스로 최선을 다했다고 말하긴 어렵지만, 숙제를 하긴 했다는 것에 만족하면서 새벽에야 잠을 청한다.

과제를 해야 한다며 A의 제안을 거절한 C의 상황

집에 돌아와 과제를 다시 확인해 보니 생각보다 양이 많고 어렵다. 인터넷 검색이나 유튜브에서 필요한 영상을 찾아보면서 새로 배우고 정리한다. 가족과의 식사를 마치고 다시 진행하던 과제에 집중한다. 모르는 건 다시 검색하면서 한참 과제를 진행하다 보니 잘 시간이 가까워졌다. 과제를 마쳤으니 미뤘던 게임을 하고 기분 좋게 잠을 청한다.

단순한 순서의 문제가 아니다. 어떤 것을 먼저 하느냐를 넘어 각 활동의 가치를 평가하고 우선순위를 정해야 한다. 인지심리학의 기본 전제는 매 순간 사람이 활용 가능한 인지 자원은 한정적이라는 것이다. 오랜 시간 동안 일정하게 고도의 집중력을 발휘하는 것이 불가능하다는 것은 경험적으로 모두가 알고 있을 것이다. 제한된 자신의 주의 집중력을 어디에 먼저 투자할 것인가의 문제로 봐야 한다. 과제를 수행하는 계획은 절대적인 시간의 문제만이 아니다.

작은 선택이 큰 미래를 만든다

학교와 학원에서는 정해진 시간에 맞춰 수업을 들어야 한다. 그러나 학교와 학원을 다녀온 뒤의 시간 활용은 자기 통제력에 따라 달라질 수 있다. 학업 성취를 우선으로 하는 학생의 입장에서 과제를 수행한 후 남은 시간에 게임을 하는 것이 더 높은 자기 통제력에서 비롯된 선택이라 할 수 있을 것이다. 과제에 소요될 시간이 예상보다 길어질 수도 있기 때문이다. 이 때문에 과제에 필요한 자원을 찾거나 다른 친구나 선생님 등에게 도움을 요청하는 데서 추가 시간이 소요될 수도 있다. 과제를 마치고 나서 예상보다 더 큰 피로감을 느껴 다른 활동을 하기 힘들거나 시간이 늦어져 잠을 청해야 할 수도 있다. 이러한 상황은 과제를 마치기 전까지 정확히 알 수 없는 것이다. 신체적으로 혹은 인지적으로 주의를 집중할 수 있는 개인의 역량은 한정적이라는 것을 잊어서는 안 된다. 따라서 안정적인 학업 수행의 측면에서 과제를 먼저 수행하는 것이 게임을 먼저 하고 그 뒤에 과제를 하는 것보다 제한된 인지 역량을 수행해야 할 우선순위가 높은 중요한 과제에 활용할 수 있는 더 나은 선택이라 할 수 있다.

그리고 그 선택은 연쇄적으로 다음의 의사 결정과 그에 따른 행동에 영향을 미친다. 과제를 먼저 한 경우와 게임을 먼저 했을 때의 상황별 주의력은 질적으로 다르다. 또 과제를 수행하면서 들인 노력과 사고 과정 역시 질적으로 다르다. 면피를 위한 과제 수행으로는 학업적 역량의 증진을 기대하기 힘들다. 따라서 단기적으로는 각 상황에서 과제 수행을 '잘했다', '못했다', '안 했다'의 작은 차이일 뿐이겠지만, 이 차이는 한 학기가 지나면서 각 상황별 학생의 전반적인 학업 성취도의 차이로 이어질 것이다. 몇 해가 더 지나면서 이 차이는 대학 입시 등급에서의 차이로, 또 대학 졸업 후 진로에서의 차이로, 더 지나서는 재정 상태의 격차로 벌어지게 될 것이다.

매 선택에 반영되는 자기 통제력은 또 다른 선택과 맞물려 연속적으로 개인의 환경과 삶을 변화시킨다. 따라서 목표가 무엇인지 알고 행동을 조절하는 자기 통제력은 지금 당장의 선택만이 아니라 먼 미래까지 연결되는 영향력 있는 요소다.

장기적으로 환경을 스스로 통제할 수 있는 역량 필요

자기 통제력은 적절한 게임 이용의 핵심이자 기본 전제이다. 게임을 대하는 태도를 조절할 수 있어야 게임의 장점을 충분히 활용할 수 있다. 스트레스를 해소하고, 친구들과 어울리면서 학업에도 지장을 주지 않을 정도의 자기 통제력은 게임 중독이나 과몰입을 방지해 준다. 그렇게 되면 게임에서 자기 통제를 성공적으로 해낸 학생은 높은 학업 성취도를 이루고, 대학 입시와 같은 장기적인 목표를 달성할 가능성이 높다. 일반적인 생각과 달리 게임을 한다는 것 자체는 학업 성취를 떨어뜨리는 직접적인 영향이 될 수 없다. 모든 활동에서 마찬가지겠지만 게임에서 받을 수 있는 부정적인 영향은 분명 존재하기에, 이를 알고 그 영향을 조절하는 능력이 필요하다. 또한 해야 할 과업이 있을 때 다른 것에 방해받지 않고, 필요하다면 행동 순서를 조절할 수 있는 능력도 필요하다. 이와 같이 장기적인 목표를 두고 환경을 스스로 통제할 수 있는 역량을 갖추는 것은 지혜로운 게임 이용을 위한 바탕이 될 것이다.

내 인생에서 게임이 뭐길래

청소년들에게 게임의 지위

게임은 독립된 하나의 활동이자, 누릴 수 있는 다양한 여가 활동 중 하나다. 단순히 '게임을 한다 vs. 안 한다'로 구분하는 것만으로는 게임의 지위를 파악할 수 없다. 여가 시간에 게임만 하는 것과 게임을 하면서 TV도 동시에 보는 것은 서로 다를 것이고, 게임을 하면서 TV 시청과 음원 스트리밍을 모두 하는 복잡한 멀티태스킹과도 분명 다를 것이다. 따라서 각 여가 활동에 시간 분배를 어떻게 하는지도 살펴봐야 한다. 보다 정확한 게임의 지위를 알아보기 위해 현재의 대학생들이 청소년기에 했던 여가 활동의 유형을 나누고, 얼마나 많은 시간을 할애했는지 다음과 같이 알아보았다.

여가 활동은 밤 수면 시간, 식사 시간, 학교에서의 수업 시간, 학원 또는 과외 등 사교육 시간, 개인 공부 시간 외에 수행하는 모든 활동을 말한다. 여가 활동의 종류는 2018년 「청소년 통계」와 2019년 「국민 여가 활동 조사」를 참고해 TV 시청, 독서, 음악 감상, 문화생활 관람, 문화생활 참여, 영화 관람, 게임, 스포츠 관람, 스포츠 활동, 여행, 인터넷 단순 웹 서핑, 인터넷 쇼핑, 인터넷 커뮤니티 활동, 유튜브 시청, 메신 저, 수면, 봉사 활동, SNS까지 18개 유형으로 구분했다.

그 결과 학업 성취 일반 그룹은 '음악 감상 〉TV 시청 〉영화 관람 〉메신저 〉수면' 순으로 나타났고, 학업 성취 우수 그룹은 '음악 감상 〉 TV 시청 〉수면 〉영화 관람 〉인터넷 단순 웹 서핑' 순으로 나타났다.

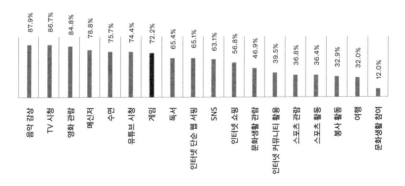

학업 성취 일반 그룹

학업 성취 일반 그룹: 학창 시절에 활용한 여가 활동 비율.
학업 성취 일반 그룹이 청소년 시절에 참여한 여가 활동 상위 5개는
'음악 감상 > TV 시청 > 영화 관람 > 메신저 > 수면' 순으로 나타났다.

4 자기 통제력 | 게임하고도 서울대에 간 아이들

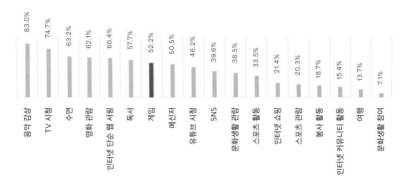

학업 성취 우수 그룹

음악 감상	83.0%
TV 시청	74.7%
수면	63.2%
영화 관람	62.1%
인터넷 단순 웹 서핑	60.4%
독서	57.7%
게임	52.2%
메신저	50.5%
유튜브 시청	46.2%
SNS	39.6%
문화생활 관람	38.5%
스포츠 활동	33.5%
인터넷 쇼핑	21.4%
스포츠 관람	20.3%
봉사 활동	18.7%
인터넷 커뮤니티 활동	15.4%
여행	13.7%
문화생활 참여	7.1%

학업 성취 우수 그룹: 학창 시절에 활용한 여가 활동 비율.
학업 성취 우수 그룹이 청소년 시절에 참여한 여가 활동 상위 5개는
'음악 감상 > TV 시청 > 수면 > 영화 관람 > 인터넷 단순 웹 서핑' 순으로 나타났다.

청소년기 여가 활동 7위에 랭크된 게임

자녀가 더 열심히 공부하기를 바라는 부모와 가끔씩 쉬어 가고 싶은 자녀가 서로 갈등을 빚는 중심에 게임이 있다. 그러나 지금의 대학생이 학창 시절에 활용한 여가 활동 비율을 알아본 결과 정작 게임은 다른 여가 활동에 1, 2, 3위를 고스란히 내준 것으로 나타났다. '게임을 하면 성적이 떨어진다', '게임을 하면 좋은 대학교에 못 간다', '게임하면 머리 나빠진다'와 같은 비판의 근거로서 충분한 결과는 분명 아니다.

실제로 게임은 학업 성취 일반 그룹에서 72.2%, 학업 성취 우수 그룹에서 52.2%로 여가 활동 참여 순위로는 각각 7위를 기록했다. 학업

성취 일반 그룹이 학업 성취 우수 그룹보다 여가 활동에 참여한 비율이 대체적으로 높게 나타나고 있음을 감안하더라도, 게임은 학업 성취도에 따른 각 그룹에서 가장 빈도 높게 활용되는 여가 활동이 아니었다. 물론 앞의 그래프에서는 참여한 비율만을 고려하므로 총 이용 시간의 차이는 있을 수 있다. 그러나 그래프에서 보여지는 것처럼 게임이 제1의 여가 활동은 아니었다. 물론 절반 이상의 학생이 게임을 한다고 했으니, 게임이 대중적인 여가 활동이라는 것을 부인할 수는 없다.

대학생이 되어서도 게임을 지속할까

학업 성취 일반 그룹의 게임 이용이 궁금해 과거 청소년기에 게임을 했는지 안 했는지, 대학생인 현재는 게임을 하는지 안 하는지를 네 개의 그룹으로 구분해 추가로 설문 조사를 실시했다.

> **게임 지속 이용 그룹**: 청소년기에도 게임을 이용하고 현재에도 게임을 이용하는 경우
>
> **게임 신규 이용 그룹**: 청소년기에는 게임을 이용하지 않았고 현재에는 게임을 이용하는 경우
>
> **게임 중단 그룹**: 청소년기에는 게임을 이용했으나 현재는 게임을 하지 않는 경우

청소년기에도 게임을 했고 대학생이 되어서도 게임을 한다는 게임 이용 지속 그룹은 61.6%로 나타났다. 스트레스를 줄이거나 친구와 어울리는 수단으로 게임을 꾸준히 활용하고 있었다. 게임 신규 이용 그룹은 5.7%로 나타났다. 이 그룹은 네 개 그룹 중 비율이 가장 낮았는데, 이 그룹에 해당하는 이용자들은 고등학생 시절에 게임이 시간 낭비이자 나쁜 관계 맺음으로 이어지는 부정적인 것이란 생각이 더 컸으나, 성인이 된 이후 절제가 따른다면 게임도 충분히 즐길 수 있는 새로운 문화인 것으로 인식했다. 게임 중단 그룹은 19.6%였다. 청소년기에는 게임을 이용했으나 대학생인 현재에는 이미 충분히 게임을 한 경험으로 더 이상 흥미를 느끼지 않거나, 대학생이 되면서 게임 말고 다양한 여가 활동을 즐기기 때문에 게임을 중단한 것으로 나타났다. 게임 미이용 그룹도 13.0%나 됐다. 이는 대체로 고교 시절부터 대학생인 현재까지 게임에 대한 부정적인 인식을 고수하는 이들인 것으로 나타났다.

어른의 자기 통제력

성인에게도 어려운 자기 통제

자기 통제력은 어린이나 청소년에게만 중요한 것이 아니라 성인에게도 중요한 영향을 미친다. 청소년뿐만 아니라 성인의 게임 중독도 자기 통제력과 밀접한 관련이 있음을 보여주는 다수의 연구가 있다. 대게 청소년의 양육자는 과도한 게임 이용을 통제하려고 하며, 이를 제도적 안전장치로 구현한 청소년 보호법도 존재하는 등 청소년의 게임 이용은 부분적으로 제한되어 있다. 그러나 성인은 청소년보다 훨씬 자유로운 형태로 게임을 즐길 수 있다. 자유가 주어지면 몇몇은 대부분의 여가 시간을 온라인 게임에 몰두하고, 매일 10시간 이상씩 피시방에서 게임을 하기도 한다. 드물지만 피시방에서 몇 날 며칠 밤새워 게임을 하는 이들도 있다.

　반드시 게임이 아니더라도 자기 통제력은 개인의 일상에 큰 영향을 미친다. 건강상의 이유로 체중을 조절해야 하는 상황에서 눈앞의 디저트를 먹을 것인가 참을 것인가, 다이어트 중은 아니지만 충분히 배부른 상황에서 눈앞의 음식을 더 먹을 것인가 말 것인가, 내일 아침 중요한 미팅이 예정되어 있는데 오늘 밤 술 한잔을 할 것인가 말 것인가, 너무 사고 싶은 제품이 출시되었는데 생활비를 넘는 수준의 가격이라면 구매할 것인가 말 것인가 등등, 자기 통제력은 일상의 다양한 상황에 관여해 우리의 행동을 결정한다.

　자기 조절의 강도 모델에서 자기 통제력은 근육 활동에 비유된다. 특정 근육에 과도한 힘을 주어 사용하면 일정 시간이 지나야 다시 힘을 쓸 수 있는 것처럼, 자기 통제력 역시 어느 한순간 강하게 발현하면 일정 시간이 지날 때까지 그 힘을 발현시키지 못하는 자아 고갈ego depletion 상태에 이른다. 다른 점도 있다. 근육의 경우 육체적 휴식이 필요한 일정 시간이 지나야 하는 것에 비해 자기 통제력은 '동기' 조절을 통해 다시 회복되기도 한다. '마시멜로 실험'에서 아이들이 즐거운 일을 생각했을 때 더 오래 기다릴 수 있었던 것과 같이 긍정적인 동기 부여는 청소년뿐만 아니라 성인도 보다 효과적인 자기 통제력을 수행할 수 있도록 도와준다.

자기 통제력에도 개인차가 있다

자기 통제력은 타고나는 것일까? 어떤 사람은 유난히 긍정적이고, 어떤 사람은 유난히 수줍음이 많다. 이렇게 흔히 타고난 기질과 성격이 구분되듯이 자기 통제력 역시 개인차가 존재한다. 같은 정도의 자기 통제력을 필요로 하는 상황이 있다고 가정할 때, 어떤 사람은 자기 통제력에 큰 자원을 활용할 수 있기에 이어지는 다음 상황에서도 자아 고갈을 겪지 않고 자기 통제력을 수행할 수 있다. 그러나 어떤 사람은 앞선 자기 통제력의 수행으로 이미 가지고 있는 자원을 모두 사용하여 자기 통제력이 다시 요구되는 과제에 효과적으로 대응하기 힘들 수 있다. 그러나 성인인 내가 현재 자기 통제력의 자원을 적게 가져 있다 하더라도, 혹은 내 자녀의 자기 통제력 수준이 낮다 하더라도 심각해지거나 절망에 빠질 필요는 없다.

심리학자 로이 바우마이스터Roy F. Baumeister의 연구에 따르면 자기 통제력은 훈련을 통해 향상될 수 있다. 그는 자기 통제를 요구하는 과제를 수행하는 과정에서 자기 통제를 위한 자원을 향상시켜 자아 고갈에 이르는 것을 완화시킬 수 있다고 주장했다. 자기 통제력을 근육에 비유할 수 있는데, 근육에 일정 수준 이상의 부하를 주면서 신체 수행 능력을 서서히 올려가듯, 자기 통제력 역시 반복적인 자기 통제 과제의 반복적인 수행을 통해 그 능력을 기를 수 있다. 바른 자세로 앉는 것, 스스로 기분을 조절하는 것, 식습관을 돌아보는 것 등 자기 통제력이 반영되는 작은 과제들을 반복해 수행하는 것만으로도 자기 통제력을 검사하는 인지 과제에서 높은 성적을 기록할 수 있다. 이는 전반적인 학업, 신체적 능력, 재정적 상태에서도 자기 통제가 긍정적 방향으로 확장된다는 연구 결과로도 이어진다.

게임을 건강하게 이용하기 위한 전제 조건

게임을 하는 상황에 이러한 자기 통제 원리를 적용해 보자. 처음엔 정해진 시간에만 게임을 해보도록 하자. 게임을 한창 진행하다가도 계획했던 시간이 되면 꺼야 한다. 쉽지 않겠지만, 일단 시도해 보는 것이다. 다음에는 게임을 하기 위해 해야 할 일 한 가지를 정해 놓고, 그 일을 마친 뒤 게임을 해보자. 그러고 나서 게임에 앞서는 우선순위 목록을 여러 개 정하고 이를 모두 수행한 다음 게임을 하자. 생각보다 어렵지 않을 것이다. 자기 통제력을 기르기 위해서는 자기 통제력이 적게 요구되는 과제부터 반복해 경험하면서 작더라도 성공 경험을 쌓아 나가는 것이 중요하다. 자기 통제력의 수준이 낮은 대상에게 멀기만 한 미래의 목표를 제시하면서 처음부터 어려운 자기 통제를 요구하는 것은 오히려 좌절감을 경험하게 할 뿐이다. 자기 통제력은 어려운 과제를 통해서만 길러지는 것이 아니다. 간단한 과제부터 시작하면서 훈련하다 보면 결과적으로 자기 통제가 가능한 시간 텀이 더 길어지고, 성취감, 만족감 등의 커다란 심리적 보상도 주어지게 되고, 결과적으로 한 단계 높은 수준의 자기 통제력을 갖게 될 것이다. 요약하자면, 게임을 하는 행동을 조절할 수 있도록 자기 통제력을 기르는 것은 건강한 게임 이용을 위한 기본이다.

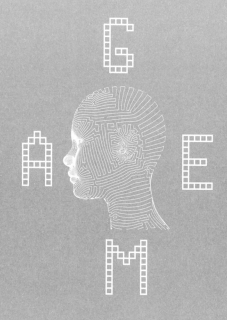

G A E M

5

사회성

게임으로 컨택트하라

비디오 게임 플레이는 사이버 공간cyber space에서 이루어진다. 컴퓨터나 휴대폰에만 집중하는 사람은 사회성이 부족한 것처럼 보일 수 있다. 그러나 게임 속 공간, 특히 온라인 게임 공간은 실제 사회와 유사한 구조를 갖추고 있다. 게임 플레이어가 실재實在하는 사람들이며, 이들의 선택으로부터 여러 가지 사건이 일어난다는 점에서 게임 세계는 또 다른 현실이기도 하다. 실제로 게임 속 공간은 개인주의적이고 느슨한 alone together 특징을 가진 현대인에게 적합한 구조를 형성하고 있으며, 플레이어들을 이어주고, 물리적 공간만큼 강력한 영향력을 발휘한다.

'가상 공간의 실재성'이란 모순된 두 단어의 나열이 누군가에게는 여전히 특수하고 어색한 형태의 관계 맺음으로 느껴지겠지만, 코로나 19 팬데믹으로 앞당겨진 현실이다. 심지어 온라인 게임 공간이 타인과의 협동과 리더십을 경험할 기회를 제공하고, 온라인 게임을 한 청소년 집단이 그렇지 않은 집단에 비해 자존감이 높았다는 연구 결과가 속속 등장하면서 게임에서 맺어지는 사회적 관계의 평범성이 강조되고 있다. 한편 일상에 대한 불만족이 게임 과몰입의 원인이라는 점도 지적

된바 있다. 그동안 우리는 게임이 사회성 저하의 원인인지 결과인지 잘 모르고 있었다는 점을 인정하고 새로운 시각으로 이 문제를 바라볼 필요가 있다.

가상 공간에서의 연결 수단과 그곳에서 보내는 시간이 점차 늘어나는 지금, 사이버 범죄가 심심찮게 늘어가는 것 또한 사실이다. 따라서 바람직한 개발 방향과 올바른 이용법에 대한 정확한 정보 제공 및 교육이 필요하다. 이를 위해서는 게임과 가상 공간에 대한 이해뿐 아니라 인간에 대한 이해를 바탕으로 세대와 문화를 아우르는 공감대를 형성하려는 노력이 선행되어야 한다. 또한 이론적인 지도 방안이 아니라 실제 이용 경험을 토대로 실천 가능하고 유용한 올바른 가이드라인을 제시할 수 있기를 바란다. 이 모든 노력의 시작은 직접 함께해 보는 것이다.

게임 이용과 사회성의 문제

게임을 향한 부정적 시선과 게으른 언론

많은 이들이 게임을 하면 사회성이 떨어진다고 생각한다. 부모들이 걱정하는 게임의 가장 큰 부작용이 사회성 결여이고, 이는 사회 전반에 퍼져 있는 강력한 믿음이기도 하다. 많은 언론에서 '게임 폐인'의 '폭력성'과 '사회성 결여'를 연결하는 데 주저함이 없는 것도 이러한 사회적 인식 때문이다.

2019년 3월, 뉴질랜드 크라이스트처치에서는 한 청년의 총기 난사로 51명이 사망한 비극적인 사건이 벌어졌다. 국내외 언론은 앞다투어 이 사건을 보도했다. 그러다 국내 한 언론에서 "용의자는 총 싸움 게임 〈포트나이트Fortnite〉로 살인 훈련을 했다."라고 대서특필했다. 오보였다. "나는 게임을 포함한 미디어에 현혹되어 범죄를 저지른 것이 아니다."라고 강조한 용의자의 진술을 오역해 벌어진 일이다. 문제는 다른 언론에서도 사실 확인 없이 '총 싸움 게임이 테러의 원인'이라는 자극적인 제목의 기사를 받아 썼다는 점이다. 해당 영상을 조금만 주의 깊게 살펴봤다면 오역이라는 것을 눈치챘을 텐데, 사실 확인 작업 없이 확대 재생산되는 바람에 게임이 죄를 뒤집어썼다. 클릭 장사에 빠져 사실 확인 과정 없이 기사를 복제한 언론도 문제이지만, 어쩌면 이것은 사람들이 믿고 싶어 하는 진실이 어디를 향해 있는지 극명하게 보여주는 사건이었을 것이다. 인터넷 뉴스를 접할 때 사람들은 자신이 알고 싶은 것이나 궁금한 것을 클릭하기보다는 자신이 믿고 있는 사실을 확인 받고 싶어 한다. 이 사례는 '게임 이용이 사회성 부재의 원인'이라는 확신이 사회에 만연하다는 것을 여과 없이 보여주었다.

성격이 좋으면 사회성이 좋은 것일까

사람들은 늘 사회성이 중요하다고 말하지만, 정작 사회성이 무엇인지 물었을 때 정확히 답할 수 있는 이는 드물다. 대부분의 사람은 '성격이 좋고 다른 사람들과 잘 어울리는 것' 정도로 두루뭉술하게 대답할 것이다. 사회성은 성공적으로 사회에 적응하는 데 필요한 사회적, 정서

뉴질랜드 총기 난사 사건 후 쏟아진 용의자 관련 속보. 대부분의 기사는
<포트나이트> 관련 오보를 아직 바로잡지 않았다.
출처: 각 신문 캡처

적, 인지적, 행동적 기술이 종합적으로 작용하는 인간의 특성이다. 다시 말해, 지적이며 정서적인 능력의 끝판왕이다. 일반적으로 말하는 '사회성'을 심리학적으로 풀이한 개념은 사회적 역량social competence 으로, 소아심리학자 마커릿 셈루드-클리케멘Margaret Semrud-Clikeman 의 정의에 따르면 "상황에 따라 다른 관점을 취하고, 과거의 경험을 통해 학습하며, 사회적 상호 작용의 변화에 그 학습을 적용할 수 있는 능력"을 말한다. 사회적 역량은 단일 지능이 관여해 발휘되는 것이 아니기 때문에 다른 인지 기능에 비해서 명료하게 정의 내리기가 어렵다.

사회성은 지적·정서적 능력의 끝판왕

1920년 미국의 심리학자인 손다이크Thorndike는 지능의 영역을 기계적 지능(손이나 손가락을 통해 기계적 조작을 하는 능력), 사회적 지능(주위 사람들에게 대처하는 능력), 추상적 지능(언어 및 추상적 관념에 관한 능력)으로 나눴다. 이를 '다요인설'이라 부르는데, 그는 다요인설을 통해 지능에 일반 요인은 존재하지 않으며, 무수히 많은 특수 요인으로 구성돼 있다고 주장했다.

　　인지과학에서는 손다이크가 지능의 세 가지 타입 중 하나로 사회적 지능social intelligence 혹은 사회적 역량social competence을 제안한 것을 인간의 사회적 능력을 인지적 관점에서 분석하고자 한 첫 시도로 본다. 그 이후 사회적 역량은 '또래 집단에서의 영향력'이나 '상황 속에서의 문제 해결 능력과 전략' 등으로 해석되었다. 이를 가능하게 하는 핵심 기능은 언어 능력과 정서 교감 능력이다. 특히 대화를 나누는 행동 자체가 타인과의 관계를 맺는 데 가장 중요한 행위이며, 대화를 통해서 다른 사람의 관점에서 사고하는 능력이 길러지기 때문에 언어 능력이 가장 중요한 요소로 꼽힌다.

그에 못지않게 정서적 교감 능력도 중요하다. 정서적 교감 능력은 비언어적인 단서를 통해 타인의 정서 상태를 이해하고, 자신을 표현해 정서적인 메시지를 주고받을 수 있는 능력을 말한다. 메신저를 사용할 때 텍스트와 이모티콘을 자유자재로 사용하면 의사소통이 훨씬 원활해진다. 이렇게 메신저 대화를 통해 느끼는 즐거움과 친밀감, 만족감이 훨씬 커지는 상황을 떠올리면 이해가 쉬울 것이다.

이 외에도 사회성에는 학습 능력, 타인의 입장을 받아들이는 능력, 행동을 조절하는 능력, 다른 사람과 협동하는 능력 등이 관여한다. 인지적 관점에서는 집행 기능, 작업 기억, 인지적 유연성이 종합적으로 기능하는 상태이다.

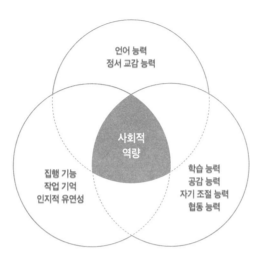

사회적 역량, 즉 사회성은 사회적·정서적·인지적·행동적 기술이 종합적으로
작용해야 사용 가능한 지적이며 정서적인 능력의 끝판왕이다.

관계가 좋으면 스트레스도 적고 삶의 질이 높다

사회 참여를 통해 형성되는 구성원들 간의 상호 작용과 신뢰 관계로 인
해 얻을 수 있는 이득을 심리학에서는 사회적 자본social capital이라고
부른다. 사회적 역량과 유사한 개념으로 심리학 연구에서 자주 등장하
는 측정 지표다. 넓고 얕은 관계를 의미하는 브리징bridging('연결'의 의
미)과 깊은 지지적 관계를 의미하는 본딩bonding('결합'의 의미)으로 나
누어 측정되는데, 개인별 사회적 능력의 결과로서 관계 맺음의 양적인
측면과 질적인 측면을 동시에 보여준다는 점에서 개인의 사회성에 대

해 이야기할 때 유용하게 사용된다.

　잘 형성된 사회적 자본은 사회적 네트워크와 공동체로부터의 지지, 신뢰, 정보 등의 자원을 제공함으로써 개인의 신체적·정신적 건강에 보호적인 역할을 한다. 사회성에 대해 이야기할 때 사회적 자본 형성을 측정한 연구가 자주 등장한다. "관계가 좋으면 스트레스도 적고 삶의 질이 높다."라는 막연한 개념을 객관적으로 측정해서 보여주는 공인된 방법이기 때문이다. 그렇기 때문에 사회적 자본 형성과 다른 요소들 간의 관계를 눈여겨보는 것은 중요하다.

　사회성은 단순히 친구가 많고 친구들과 잘 어울리는 것, 혹은 조직에 잘 적응하는 것으로 단정지어 가볍게 말할 수 없다. 사회성은 종합적인 인지 능력의 총체이므로 지적인 능력으로서뿐만 아니라 사회적·정서적 건강에 가장 밀접하게 관련된 실질적인 일상의 자원으로서 그 가치를 인정받아야 한다. 아울러 게임을 즐기면 사회성이 망가지는지에 대해서도 꼼꼼히 따져볼 필요가 있다.

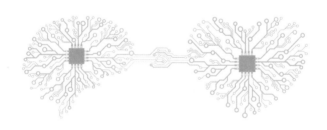

잘 형성된 사회적 역량과 사회적 자본은 성공적으로 사회에 적응하는 데 필요한 능력을 제공하고 개인의 신체적·정신적 건강에 보호적인 역할을 한다.
출처: SHUTTERSTOCK

택트리스 시대의 중요한 연결 플랫폼

뉴 미디어에 대한 막연한 두려움

시대를 막론하고 새로운 매체가 등장할 때마다 그것을 이용하는 대중의 정신 건강 저하를 우려하는 목소리가 있었다. 1950년대 이후 텔레비전이 보급되기 시작할 때에도 사람들 간 소통과 관계 맺음이 단절된다는 우려가 컸다. 이러한 우려를 지지하고 설명하려는 대표적인 시도가 바로 '사회적 대체 가설social displacement hypothesis'과 '사회적 보완 가설social compensation hypothesis'이다.

사회적 대체는 사람들이 여가 시간에 다른 사람과 만나는 등의 사회적 활동을 하던 것이 특정 매체의 이용, 특히 TV 시청으로 대체되어 사회적 자본과 정서적·사회적 웰빙이 저하된다는 주장이고, 사회적 보완은 관계 맺음에 어려움을 겪을 때 TV 시청 등의 다른 활동에 집중함으로써 어려움을 보완하고 회피할 수 있다는 주장이다.

사회성을 촉진하는 디지털 미디어

게임의 경우는 어떠할까? 2006년과 2011년에 발표된 USC의 드미트리 윌리엄스Dmitri Williams 교수 팀의 연구에 따르면, 온라인 게임 사용 시간과 빈도가 대인 관계에 어떠한 영향을 미치는지 조사했을 때 주당 30시간 이상 온라인 게임에 많은 시간을 들이는 그룹이 주당 7시간 이하로 게임을 적게 하는 그룹에 비해 오프라인에서의 상호적인 대인 관계가 빈약하고, 온라인 비디오 게임의 이용 빈도가 높을수록 게임을 이용하지 않는 가족 구성원과는 의사소통의 질이 떨어진다는 결과가 나왔다.

그러나 같은 조건에서 게임 이용의 동기로 그룹을 나누어 다시 살펴보면, 게임 안에서 새로운 사람을 만나기 위한 사회적인 동기로 게임을 이용하는 경우에는 게임하는 시간이 많더라도 가족 간 의사소통의 질이 떨어지지 않았다. 이러한 결과는 게임 이용이 오프라인 관계를 대체하며 사회성을 떨어뜨리는 원인이라는 주장에 의문을 제기한다.

실제로 사회적 대체 가설을 게임에 적용할 때 발생하는 가장 큰 문제점은 일방적으로 정보를 전달하는 전통 매스 미디어와 상호 작용적인 디지털 미디어 간의 차이를 고려하지 않는다는 점이다. 온라인 미디어의 경우, 이용 시간 자체가 다른 사람들과 교류하고 소통하는 시간이기 때문에 사회적 대체를 일으킨다고 보기 어렵다. 대신 이들은 테크놀로지가 기존 인간관계를 더 촉진하고 질을 높여 심리사회적 건강에 긍정적으로 작용한다는 '자극 가설stimulation hypothesis' 관점을 제시했다.

이를 뒷받침하는 조사가 있다. 2007년 네덜란드 틸부르크Tilburg 대학 연구팀은 〈월드 오브 워크래프트World of Warcraft, WoW〉 게임을 이용하는 청소년 1,210명을 대상으로 사회적 역량과 외로움을 조사하는 설문을 진행했다. 〈월드 오브 워크래프트〉는 다른 플레이어들과 던전에 모여 팀을 이뤄 대항전을 벌이고 협업해 퀘스트를 깨는 MMORPG 게임이다. 실제 시간과 같은 시간 개념이 적용되며, 재미있는 퀘스트와 쉬운 게임 구성으로 인기가 높다. 그 결과 인터넷 채팅과 인스턴트 메

모든 미디어 매체가 사회적 고립을 초래하는 것은 아니다.
이를 어떻게 활용하는가에 관한 문제이다.
출처: SHUTTERSTOCK

국내외에서 선풍적인 인기를 끌었던 <월드 오브 워크래프드>
출처: App Store

시지 서비스 등의 온라인 커뮤니케이션을 이용함으로써 의사소통 파
트너가 다양해지고 사회적 역량이 증가하며 외로움이 감소하는 등 참
여자가 심리 건강에 긍정적인 영향을 받은 것으로 드러났다.

나다울 수 있는 온라인 세상

온라인 소통 기능이 있는 디지털 미디어는 오프라인에 비해 조금 더 쉽
게 친밀한 자기 공개를 하도록 촉진시킨다. 오프라인 환경에 비해 온라
인 환경에서 더 긴장을 풀고 보다 자기 자신을 더욱 오픈하는 경향이
있기 때문에 비밀스럽고 개인적인 것들을 더 쉽게 공유하게 되는 것이
다. 친밀한 자기 공개가 상호적 취향, 배려 및 신뢰의 중요한 예측 요인

임을 감안할 때, 온라인 매체를 통해 강화된 친밀한 자기 공개가 청소년의 우정의 질을 잠재적으로 향상시키는 요인이 될 수도 있다. 이러한 분석은 앞의 네덜란드 연구 사례에서 볼 수 있는 긍정적인 영향과 맥을 같이한다.

이와 같은 효과가 청소년에게 국한되는 것은 아니다. 2015년 캐나다 사이먼 프레이저Simon Fraser 대학에서는 〈월드 오브 워크래프트〉를 이용하는 55세 이상 노인들을 대상으로 사회성 관련 설문 연구를 진행하였다. 이 연구를 통해 게임 안에서의 관계 맺음을 즐기는 태도가 노인들의 사회적 자본 형성에 긍정적인 영향을 미친다는 것이 밝혀졌다. 관계 맺음을 즐길수록, 길드 플레이에 관여할수록 노인들의 사회적·정서적 건강 또한 좋았다. 특히 노인과 다른 가족들 간의 상호 작용을 촉진시키는 효과가 높은 것으로 나타났다.

네트워크 강화와 유대감 형성

이 세상에는 다양한 사회 활동이 존재한다. 이 중 같은 관심사를 가진 사람들이 자발적으로 모였을 때는 유독 강한 시너지를 공유한다. 그 대상이 유쾌한 것이라면 더할 나위 없다. 온라인 게임은 유쾌한 활동이 이루어지는 대중적인 공간을 제공한다. 온라인 게임 안에 모인 플레이어들은 주어진 목적을 달성하기 위해 네트워킹을 강화하는데, 이렇게 형성된 네트워크 자체가 게임 플레이를 유지하는 가장 중요한 이유가 되기도 한다. 게임을 하면서 이용자들 사이에 연결성 및 강력한 유대감이 형성되는 것이다. 코로나19 팬데믹 등의 원인으로 오프라인 활동이 제한되는 상황을 겪은 현 시점에서 이러한 연결의 가치는 중요한 의미를 지닌다. 같은 활동을 공유한다는 것은 일반적인 온라인 연결보다 훨씬 강력한 힘을 가지기 때문이다.

게임은 세대를 초월한 사회적 활동이 될 수 있다.
출처: SHUTTERSTOCK

게임 안에서 사회성이 자란다

사회적 기술 습득을 돕는 게임 디자인

혹자는 온라인 비디오 게임을 사회적 학습이 이루어지는 공간으로 보기도 한다. 이를테면 MMORPG와 같은 온라인 게임 세계는 타인과의 의사소통을 경험하는 데 상대적으로 안전한 환경이 조성되어 있을 뿐 아니라 다른 게임 이용자와의 협업을 독려함으로써 사회적 기술을 함양하도록 디자인되었다. 이 때문에 인간은 게임 플레이를 통해 소그룹 관리 방법을 익히고, 사람들을 조정하고 협력을 이끌어내는 방법을 배우며, 그들과의 사교적인 상호 작용에 참여하는 방법 등의 사회적 기술을 습득하는 기회를 제공받는다.

2012년에 독일 함부르크 대학의 연구진은 e-스포츠 동호회에서

온라인 게임을 통해 협업과 리더십을 경험하는 것은 긍정적인 사회적 경험으로 이어진다.
출처: SHUTTERSTOCK

한 개 이상의 클랜clan, 온라인 게임에서 일정한 목적을 가진 사람의 집단을 가리키는 말로, 정보 교류 및 친목 활동이 전제되는 게임 내 소모임으로 정의되기도 한다.에 소속되어 있는 게임 이용자 811명을 대상으로 게임 사용 패턴과 게임 안에서의 사회적 자본 그리고 오프라인에서의 사회적 지지 경험을 조사하였다. 조사 대상은 독일의 게임 이용자였는데, 클랜의 구성원은 유럽 전역의 게임 이용자를 두루두루 포함했다. 연구 결과, 클랜 멤버들이 온·오프라인으로 밀접하게 접촉하는 것이 게임 안에서의 사회적 자본 형성을 도왔고, 게임 안에서의 사회적 자본이 높게 형성된 경우에는 게임 밖 오프라인에서의 사회적 지지 경험도 많은 것으로 나타났다.

오프라인에서 사회적 지지를 주고받은, 즉 실제 세계에서의 긍정적인 관계 경험이 많은 게이머들에게서는 어떤 특성이 관찰되었을까? 이 질문에 답하기 위해 클랜 멤버들 간 접촉 요소를 종류별로 나누어 게임 이용자 개개인이 주로 무슨 역할과 활동을 했는지 분석했다. 그 결과 단순히 온·오프라인 접촉 기회가 많았던 것보다는 게임 관리자로서 클랜 멤버들과 밀접하게 교류한 경우에 사회적 지지 경험이 많을 가능성이 높았다. 모두가 그런 것은 아니지만, 대부분 게임 안에서 리더십을 갖고 타인과의 협업을 도모해 본 경험이 오프라인 관계의 질적인 향상에 직간접적으로 긍정적인 영향을 미친다는 걸 의미한다. 온라인 게임 공간은 타인과의 협업과 리더십을 경험할 수 있는 풍부한 기회를 제공한다는 것이다.

새로운 상호 작용을 만드는 제3의 장소

온라인 게임 공간은 직장 또는 학교 그리고 가정 외의 사회적 상호 작용과 관계를 위한 새로운 '제3의 장소The Third Place'로 기능하며, 이를 통해 개인을 다양한 세계관에 노출시키는 역할을 할 수도 있다. '제3의 장소'란 미국의 사회학자 레이 올덴버그Ray Oldenburg가 제시한 개념이다. 제1의 장소는 집, 제2의 장소는 직장으로 사람들이 주로 시간을 보내는 곳을 의미하며, 제3의 장소는 그 중간에 존재하는 장소로서 지역 사회를 연결시키고 새로운 상호 작용을 만드는 장소를 말한다. 예를 들면 종교 시설, 카페, 클럽, 공공 도서관, 공원 등의 장소가 이에 해당한다.

그는 목적 없이 다양한 사람이 어울리면서 형성되는 새로운 인간관계, 정서적 지지와 즐거운 경험, 다양한 세계관과의 접촉 등의 순기능을 이유로 제3의 장소의 중요성을 주장했다. 제3의 장소는 동서양을 막론하고 도시화와 핵가족화 그리고 개인주의적 라이프스타일이 주류를 이루게 된 현재에도 도시사회학과 사회심리학에서 중요한 개념으로 다뤄지고 있다. 또한 많은 학자들이 사이버 공간에서 연결되고 유지되는 관계도 제3의 장소에서와 비슷한 역할을 수행한다는 점을 지적하고 있다.

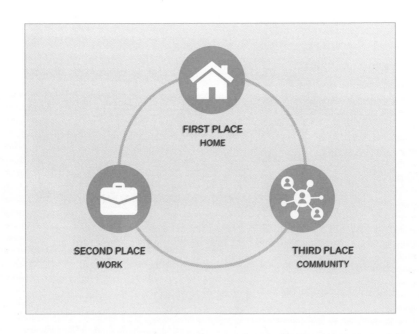

제3의 장소는 집과 직장 외의 공동체적 장소를 가리킨다.

게임 속 공간, 따로 또 같이

게임 속 연결은 오프라인 사회성으로 이어진다

게임 속 공간에서 사람들은 어떻게 관계를 맺으며 플레이하고 있을까? 이 질문에 답하기 위해 USC의 연구자들은 게임 이용자들의 게임 로그를 직접 들여다보기로 했다. MOBA Multiplayer Online Battle Arena, 온라인 환경에서 다수와 다수의 전투가 이루어지는 게임 장르 중 가장 인기 있는 〈리그 오브 레전드League of Legends〉에서 17,995명의 로그 데이터와 이용자 설문을 통해 조사한 결과, 멀티 모달 연결(플레이어 간의 상호 작용에 사용되는 통신 채널. 게임 안에서의 문자 채팅, 음성 채팅, 화상 연결과 게임 밖에서의 채팅, 전화, 문자, SNS, 이메일 등 여러 형태의 통신 채널을 포함한다.)을 다양하게 사용하는 이용자들이 온라인뿐 아니라 오프라인에서도 사회적 자본 형성이 높은 것으로 드러났다. 이를 통해 게임할 때 여러 형태의 채널을 다양하게 사용하며 적극적으로 소통하는 태도가 오프라인의 사회성에도 반영됨을 짐작할 수 있다.

제3의 장소에서 따로 또 같이 플레이

〈월드 오브 워크래프트〉 서버에서 129,327개 캐릭터의 게임 로그를 조사한 팔로 알토 연구소의 분석에서는 게임 안에서 이용자 간 상호 작용이 활발히 일어나지만 실제로 그룹 플레이가 일어나는 시간은 3분의 1 정도에 그쳤다. 대부분의 이용자가 길드에 소속되어 있지만, 길드 활동에 적극적으로 관여하는 비율은 10% 정도였다. 본인의 플레이를 지켜보는 타인으로 둘러싸인 환경을 중요시하는 동시에 양적으로는 솔로 플레이가 더 많이 일어나는 것이다.

MMOG 게임인 〈에버퀘스트 II EverQuest II〉의 로그를 분석한 연구에서도 〈월드 오브 워크래프트〉에서와 마찬가지로 '타인으로 둘러싸인 환경에서의 솔로 플레이'가 더 많이 일어나는 것으로 나타났다. 연구자들은 〈월드 오브 워크래프트〉와 〈에버퀘스트 II〉의 로그 분석을 통해 이 게임들이 전통적인 공동체 개념과는 다른 느슨한 공간을 제공해 이용자들이 '따로 또 같이 alone together' 플레이를 즐겼으며, 이러한

위 <리그 오브 레전드>의 한 장면. 다양한 소통 채널을 제공하고,
이를 잘 이용하는 것이 사회성을 기르는 데 좋은 영향으로 이어진다.
출처: leagueoflegends.com

아래 <에버퀘스트 II>에 등장하는 캐릭터. 이들은 따로 또 같이 존재한다.
출처: everquest.com

공간을 구성한 점이 성공적으로 작용했다고 전했다.

'따로 또 같이alone together'는 미국의 재즈 음악가 쳇 베이커Chet Baker의 노래 제목이기도 하다. 그는 "다른 사람들 없이 우리 단둘이"라는 로맨틱한 의미로 사용했지만, 최근에는 많은 사람들이 '함께 모여서 자유롭게 공동 작업과 각자의 활동을 하는' 느슨한 공동체 상태를 가리킬 때 주로 사용한다. 위에서 언급한 논문의 저자들도 느슨한 공동체의 의미를 표현하기 위해 'alone together'를 사용했다. 어떤 사람들은 이 말을 '모여 있으나 고립되어 외로운 상태'를 표현할 때 사용하기도 하는데, 이 경우에는 'together alone'이라는 표현을 쓰는 게 더 적절하다.

현실과 닮은 실재성을 가진 가상의 공간

〈월드 오브 워크래프트〉 안에 느슨한 공동체가 어떻게 구현되어 있는지 살짝 살펴보자. 우선 게임을 진행하는 데 있어 내가 할 일에 집중하는 것과 다른 사람의 플레이를 지켜보는 활동이 모두 가능하다. 실질적인 상호 작용이 필요한, 좁은 범위에 집중된 협력을 강요하지 않는다. 또한 각 구역에 위치한 모든 플레이어에게 전송되는 광범위하고 개방적인 소통 채널을 제공하기 때문에 다른 게이머들이 눈에 보이지 않더라도 채팅을 매개로 둘러싸여 있는 환경이 조성된다. 채팅 창을 통해 무언가 재미있는 일이 벌어지는 것을 발견하면 그곳으로 뛰어들어 즉각적으로 교제하는 것이 가능하다. 당연히 뛰어들지 않을 자유도 보장된다. 오프라인 세계에서는 비현실적인 기능이지만 오히려 게임 안에서는 그러한 기능이 충분한 사회적 현존 경험(특정 매체에 의해 매개된 상황에서 '상대방과 함께 있다는 느낌'을 말한다. 여기서는 게임이라는 매체 안에서 상호 작용하는 것이 마치 함께 있는 것처럼 느껴진다는 것을 뜻한다.)을 제공한다.

팔로 알토 연구소의 니콜라스 뒤슈노Nicolas Ducheneaut는 이 상황에 대해 "〈월드 오브 워크래프트〉를 플레이하는 것은 사람이 많은 카페에서 책을 읽는 것과 비슷하다."라고 말했다. 다른 사람과 직접 교류하는 것을 선택하지 않더라도 공공의 공간에 있다는 느낌은 충분히 매력적이고, 제3의 장소를 즐겨 찾는 것과 같은 맥락이다.

게임 속 공간은 잘 짜인 온라인 버전의 제3의 장소이다. 가상이면서도 실제로 사람들이 모여서 상호 작용하는 실재성을 가지고 있다. 이뿐만 아니라 소극성과 적극성이 공존하며 어떤 태도를 선택할지에 대해 자유가 주어진 느슨한 공동체인 것이다. 많은 사람이 속해 있지만 모두가 속하지는 않은, 우리 사회에서 역사가 짧은 온라인 게임 속 공간을 바라보는 시선은 다양하다. 한 가지 확실한 것은, 게임의 영향을 판단하기 위해서는 게임 이용자와 게임 공간의 특성에 대한 정확한 이해가 필요하다는 점이다.

제3의 장소라 불리는 대중적인 장소에서 보내는 여유로운 시간과
느슨한 공동체, 우리 모두가 알고 좋아하는 바로 그것이다.
출처: SHUTTERSTOCK

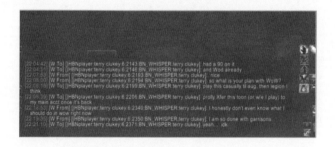

<월드 오브 워크래프트> 게임의 자유로운 채팅 환경.

인간의, 인간에 의한, 인간을 위한 게임 속 공간

인간이 창조하고 인간이 사용하는 게임 속 공간

USC 애넌버그 저널리즘-커뮤니케이션 대학USC Annenberg School for Communication and Journalism의 드미트리 윌리엄스Dmitri Williams 교수에 따르면, 게임의 영향에 대해서는 낙관도 비관도 바람직하지 않다. 그는 인간의 특성을 연구하는 연구자들이 게임 개발자들로 하여금 게임 안에 안전한 공간을 구축할 수 있도록 도움을 줘야 한다고 주장한다. 게임을 만든 사람이 순수한 의도로 재미있는 공간을 구현했다고 하더라도 의도치 않은 결과가 나타날 수 있다. 이용자에 의해 과몰입이나 외로움, 심지어 사이버 범죄 등과 같은 부정적인 결과를 가져올 수 있기 때문이다. 그는 종종 게임 개발자를 "동물에 대해 전혀 배운 적 없는 동물원 관리자"에 비유한다. 게임 개발자들은 사람들이 모여서 플레이하는 공간을 창조하고 그들의 플레이를 관리하는 책임을 맡지만, 사회심리학에 기반한 인간 행동에 대한 이해가 부족하여 적절한 대응을 하지 못하는 일이 종종 벌어진다는 것이다.

게임 공간의 실재성이 드러난 사례

그는 대표적인 사례로 1993년 텍스트 기반의 머드MUD, Multi-User Dungeon, 대개 텍스트 기반으로 여러 플레이어가 같은 가상 공간에 서로 동시에 접속해 즐기는 형태의 멀티플레이어 게임 게임인 〈람다무LambdaMOO〉에서 벌어졌던 미스터 벙글 Mr. Bungle 사건과 2005년 〈월드 오브 워크래프트〉에서 벌어졌던 오염된 피 디버프 사건corrupted blood incident을 들어 설명하였다. '미스터 벙글' 사건은 〈람다무〉에서 일어났던 사이버 범죄였다. 자유도가 높은 멀티플레이 가상 공간 '람다무'에서 미스터 벙글로 알려진 게임 유저가 다른 캐릭터에게 강간을 저지른 사건이다. 이는 커뮤니티의 공분을 샀을 뿐 아니라 멀티플레이 온라인 게임 역사상 최초로 가상 세계에서의 인간 행동의 책임에 대한 의문을 제기한 사건이었다.

'오염된 피 디버프debuffs, 캐릭터의 능력을 일시적으로 향상시키는 버프의 반대 개념' 사건은 〈월드 오브 워크래프트〉 북미 서버에서 일어났던 전염병 사건으로, 코로나19 팬데믹을 연상케 한다. 특정 던전 안에서만 작동하는 디버프가 시스템의 사소한 오류와 오류를 인지한 유저들의 장난으로 던전 밖에서 걷잡을 수 없이 퍼졌다. 원인을 알 수 없고 치유가 불가능한 데다 무증상 감염 NPC 때문에 감염 경로가 보이지 않아 도시 지역을 중심으로 많은 캐릭터가 사망했다.

서버 안의 200만 플레이어는 이 상황에 맞선 '행동'을 했다. 단시간에 퍼진 심각한 질병을 인지하지 못한 저레벨 초보자들을 찾아가 경고하는 일종의 '방역 활동'을 했고, 자신이 감염되었음을 적극적으로 알리며 자발적으로 '자가 격리'했다. 플레이어가 적은 시골 지역으로 이동해 은둔하는 '사회적 거리 두기', 힐러들이 감염자들을 찾아다니며 적극적으로 회복을 돕는 '의료 봉사' 등이 자발적으로 일어났다. 적극적으로 병을 퍼뜨리는 '슈퍼 전파자'와 가짜 치료약을 판매한 '사기꾼' 등의 활동도 관찰됐다. 우리에게 결코 낯설지 않은 이 문제는 게임 운영사의 서버 리셋과 패치로 마무리됐다.

물론 게임 속에서 벌어진 가상의 질병을 현실과 견주어 판단할 수는 없다. 그러나 주목할 사실은 대다수 플레이어가 이 질병으로 인해 자신의 안위에 실제적인 큰 위험이 닥친 것처럼 반응했다는 점이다. 결국 이 일화는 인간이 실제로 전염병이 발생했을 때 반응하는 행동에 대한 역학 연구에서 심심찮게 회자될 뿐 아니라, 테러 방지 기관이 생물학 병기 공격에 대한 계획 및 행동에 대한 연구에 참고하는 등 여러 분

위 텍스트 기반 MUD 게임 <람다무>의 웰컴 메시지.

아래 오염된 피 디버프 사건으로 초토화된 <월드 오브 워크래프트> 속 도시의 모습.
출처: leagueoflegends.com

야에서 인용되고 있다.

커져가는 게임의 영향력, 필요한 것은

앞서 살펴본 두 사례는 게임 이용자들의 기억 속에 하나의 인상 깊은 해프닝으로 남은 것을 넘어서 온라인 게임 속 공간이 실질적인 사회적 구조를 갖추고 있다는 사실과 게임 속에서 일어나는 여러 가지 사건이 인간의 다양한 선택에 의한 행동의 결과라는 점을 일깨워주었다. 다만 인위적으로 조성된 공간과 코딩된 규칙 안에서 일어난다는 게 다를 뿐이다.

드미트리 윌리엄스 교수는 그렇기 때문에 "게임의 영향은 알 수 없다."라며 방관하지 말 것을 주장한다. 이 문제에 관심이 있는 우리 모두가 게이머이자 사회의 구성원이다. 적극적으로 게임의 시스템을 분석하고, 이용자들에게 좋은 영향을 줄 수 있는 부분과 나쁜 영향을 줄 수 있는 부분에 대해 정직하고 단호하게 대처해야 한다는 그의 생각에 동의한다. 게임 공간은 이미 이 사회 안에서 강력한 영향력을 발휘하고 있을 뿐 아니라 계속해서 그 영향력이 커지고 있기 때문이다.

게임 플레이와 사회성, 관계의 진실

긴 호흡으로 관찰하고 추적해야 할 문제

정말로 게임을 하면 사회성 저하를 일으킬까? 다른 원인이 있는 게 그렇게 보이는 것은 아닐까? 일부 연구에서 드러나는 게임 이용과 낮은 사회성 간의 연관성은 어떻게 해석되어야 할까?

　게임 이용이 개인의 사회성에 영향을 주는지, 아니면 개인의 심리 특성이 게임 이용에 영향을 주는지 알고 싶을 때, 게임을 하는 사람들과 안 하는 사람들의 특성이 어떻게 다른지 비교하는 것은 적절하지 않다. 이러한 형태의 연구를 횡단 연구(어느 한 시점에서 서로 다른 특성을 가진 사람들을 그룹으로 묶어 비교 분석하는 방법)라고 하는데, '현재의 상태를 관찰'하기에 매우 유용한 방법이지만 플레이어의 게임 이용

패턴과 성격적 특성 간에 관계성이 보이더라도 어느 쪽이 원인이고 어느 쪽이 결과인지 알 수 없기 때문이다.

이 질문에 답하기 위한 가장 확실한 방법은 게임을 하지 않던 사람에게 특정한 게임을 정해진 양만큼 시키거나 반대로 게임을 하던 사람에게 일정 기간 게임을 하지 않도록 한 후, 전후의 특성을 비교하는 등의 개입 연구다. 노인들에게 엑서 게임을 플레이시키고, 게임 사용 전후의 신체적·인지적·정서적 건강을 비교한 연구처럼. 그러나 사회성에 있어서는 일부 기능성 게임(주로 자폐증 환자를 대상으로 개발된 게임)의 효과를 입증하려는 의도가 아니고는 개입 연구가 잘 시행되지 않는다.

차선책은 정해진 패널을 장기간 추적 조사하는 종단 연구(시간의 흐름에 따른 현상의 변화를 조사하는 연구로, 주로 특정 질병의 예측 요인을 밝히기 위해 사용된다.)다. 긴 시간을 놓고 개인들의 게임 이용 정도와 심리 상태의 변화를 측정해 서로 어떤 영향을 주고받았는지 분석하면 연관된 현상들 간의 원인과 결과를 간접적으로 예측할 수 있다. 개입 연구와 종단 연구의 공통점은 시간의 흐름과 전후 관계가 분석에 포함된다는 것이다.

그러나 학계에 발표된 연구의 대부분은 횡단 연구에 속한다. 그리고 횡단 연구로는 원인-결과 분석이 불가능함에도 불구하고 게임 이용이 사회성 저하의 원인이라는 식의 결론을 쉽게 이야기한다. 사실 연구자들은 게임이 사회성 저하의 원인일 가능성을 제기하는 수준에서 이야기를 마무리하지만, 언론에서 이를 단정 지어 게임이 원인이라고 보도하는 경우가 많다.

네덜란드와 독일의 종단 연구 사례

횡단 연구에 비해 종단 연구는 제약이 많다. 긴 시간 동안 조사 대상자들의 협조가 계속되어야 하고, 일관된 프로젝트 관리가 필요하며, 조사 대상자의 수가 많아야 여러 요인에 대한 신뢰도 높은 분석이 가능하기 때문에 장기간 높은 비용의 지원을 받아야 한다. 그렇기 때문에 여간해서는 기획하는 것부터 쉽지 않고, 이런 이유로 게임 이용과 사회성 간의 관계를 살펴본 종단 연구 또한 매우 드물다. 그 가운데 진행된 두 개의 종단 연구는 주목할 만하다.

꾸준히 온라인 게임을 이용하는 543명의 네덜란드 청소년을 대상으로 암스테르담 대학에 의해 6개월간 시행된 종단 연구가 2011년에 발표됐다. 게임 이용자의 낮은 사회적 역량과 자존감, 높은 수준의 외로움이 병적인 게임 이용의 중요한 예측 인자인 동시에 외로움이 병적인 게임의 결과인 것으로 나타났다. 결국 청소년기에 과도하게 게임에 빠지는 것은 낮은 사회적 역량과 자존감, 높은 수준의 외로움이 원인이고, 병적인 게임을 계속했을 때 나타나는 결과는 외로움이라는 뜻이다.

네덜란드와 유사한 디자인으로 진행되어 독일 뮌스터 대학에서 2015년에 발표한 연구에서는 다른 패턴이 발견되었다. 이 연구는 조사 기간과 조사 대상자의 범위를 넓혀 청소년과 성인 891명을 대상으로 2년간 진행됐다. 그 결과 온라인 비디오 게임에 대한 노출이나 장기간의 참여로 인해 게임 이용자의 심리적 건강 저하나 사회성 감소가 일어난다는 가설이 기각되었다. 이것은 게임 플레이가 사회성 저하의 원인이라고 볼 수 없다는 뜻이다. 오히려 온라인 게임을 하는 청소년 집단이 게임을 하지 않는 집단보다 자존감이 높았으며, 젊은 성인(19~39세)의 경우 일상에 대한 낮은 만족도가 과도한 온라인 게임 이용의 예측자인 것으로 드러났다. 이것은 일상에 대한 불만족이 게임 과몰입의 유력한 원인으로 작용했다는 뜻이다.

뮌스터 대학 연구자들은 "온라인 비디오 게임 이용이 정신 건강의 심각한 위험 요소로 우려되는 것은 과장된 믿음"이라고 주장했다. 또한 "네덜란드의 연구는 온라인 게임 인구 전체가 아니라 과도하게 게임을 이용하는 하위 집단에 국한된 것으로, 온라인 게임 인구가 많은 데 비해 병적인 게임 이용자의 유병률이 낮은 것을 고려할 때 일반적인 게임 이용과 병적인 게임 이용은 분리하여 논의할 필요가 있다."라고 강조했다.

앞서 살펴본 두 종단 연구가 의미 있는 결과를 보여주었다고 해도 이를 일반화하기에는 한계가 있다. 대규모 조사의 특성상 이 두 연구는 모두 온라인 설문조사로 이루어졌다. 그 과정에서 당사자의 심리 특성에 대한 정보를 단순화된 척도로 조사해 분석했기 때문에 다양한 요인 간의 인과 관계를 도출하는 데 있어 일부 패턴이 감지되지 않았을 가능성도 지적된다. 또한 현존하는 종단 연구들이 각각 하나의 문화권에 국한되기 때문에, 이들의 결과를 일반화해 단정 짓는 것은 옳지 않다. 다시 말하면, 게임 이용과 심리 건강 및 사회성 간의 인과 관계를 파악할 수 있는 조사 연구는 현재 매우 부족한 현실이다.

게임, 함께해 보는 것은 어떨까

여러 사례를 들어 설명한 바와 같이 게임 이용이 사회성 저하를 불러온다는 믿음의 근거는 의외로 부실하다. 오히려 상당히 많은 연구 결과들이 게임 플레이는 평범한 여가 활동이고, 이를 통해 사회적 관계가 형성된다는 것을 보여준다. 또한 어떤 방식으로 게임을 즐길 때 심리사회적 건강에 긍정적으로 작용했는지에 대한 힌트를 제공하기도 한다. 이에 대한 정보에 관심을 갖고 올바른 방법을 선택한다면 게임 플레이가 인지적·정서적으로 유용할 뿐 아니라 사회성 발달의 좋은 도구가 될 수 있다.

온라인에서 맺는 관계는 이제 더 이상 소수 이용자만의 전유물이 아니다. 특히 SNS와 채팅 앱은 거의 모든 사람의 의사소통에서 큰 비중을 차지하는 중요한 수단이 되었고, 전 지구적 팬데믹을 겪으면서 그 중요성을 다시 한번 인정받았다. 게임을 통해 맺어지는 관계 또한 그 연장에서 이미 수많은 사람이 속한 사회가 되었다. 반면 사이버 공간의 종류를 막론하고 과몰입이나 사이버 범죄 등의 부작용이 늘어나는 것도 사실이다. 이러한 상황을 직시하고 게임 안에서의 상호 작용이 건강하게 이루어지는 데 관심을 기울이고 바람직한 개발 방향과 올바른 사용법에 대한 정보 및 교육을 제공하는 것은 어떨까? 이를 위해서는 게임과 가상 공간에 대한 이해뿐 아니라 인간에 대한 이해를 바탕으로 세대와 문화를 아우르는 공감대를 형성하려는 노력이 선행되어야 한다. 또한 이론적인 지도 방안이 아닌, 실제 이용 경험을 토대로 실천 가능하고 유용한 올바른 가이드라인을 제시할 수 있기를 바란다. 가장 쉽고 좋은 방법은 직접 함께해 보는 것이다.

가장 쉽고 좋은 방법은 직접 게임을 함께해 보는 것이다.
출처: SHUTTERSTOCK

게임을 하면 머리가 나빠질까?

우리는 잘 알지 못하는 것에 대해 이분법적 태도로 일관한다. 절친한
친구와 가족에 대해서는 다면적으로 이해하고 복합적인 감정을 지니
는 반면, 몇 번 만날 일 없는 누군가의 첫인상에 대해서는 '좋다' 혹은
'나쁘다'로 단순하게 판단하는 것처럼 말이다. 이분법적 사고는 편하
다. 그러나 편한 것이 반드시 유익한 것만은 아니다. 이분법적 사고는
양극 사이에 존재하는 많은 것을 희생시킨다. 12색 색연필에는 빨강과
주황이 있다. 하지만 전문가용 120색 색연필에는 빨강과 주황 사이에
스칼렛, 크림슨, 카드뮴 레드, 카드뮴 오렌지 등 여러 가지 색상이 있다.
제한된 색깔만을 표현할 수 있는 12색 색연필처럼, 많은 사람은 게임에
대해 한정된 태도를 지니고 있다. 게임을 좋아하는 사람은 다양한 분류
기준을 가지고 있지만, 게임을 잘 알지 못하는 사람은 이분법적 태도로

일관한다. 게임이 좋은 것인지 나쁜 것인지 나누고, 한쪽을 취한 다음 자신의 생각을 확인 받고 싶어 한다.

　과연 게임을 둘러싼 사람이 게임을 즐기는 사람, 구경하는 사람, 통제하는 사람이 전부일까? 그렇다면 우리의 시야를 가리고 있는 게임에 대해 정형화된 지식은 무엇일까? 흔히 게임은 공교육과 대립되거나 폭력적이고 비효율적인 것으로 치부되곤 한다. 우리는 게임에 대한 지식을 인지 기능 측면에서 넓히는 것을 목표로 삼아 이항 대립적 사고 안에서 놓치는 것은 없는지 분석하고, 게임에 대해 이해하며 '슬기로운 게임 생활'을 영위하는 방법을 제시하고자 했다.

　수많은 연구자가 게임이 우리의 인지 기능에 미치는 영향에 대해 탐구했다. 놀이에 대한 학술적인 탐구라는 말이 아이러니하게 들리지 않을까 싶으면서도, 이런 생각이야말로 놀이와 일을 이분법적으로 구분하는 기존 시각과 다름없는 것은 아닌지 경각심을 가질 필요가 있다고 생각한다. 『게임하는 뇌』의 독자라면 게임에 대해 여전히 미흡한 연구 실태를 마주하며 안타까움을 공유하고 있을 것이라 생각한다. 전 세계적으로 진행된 각 연구의 문화적 배경, 참여자 인구와 게임의 특성과 더불어 인지 기능의 다양성까지, 수많은 변수가 투박하게 분류되어 여전히 명료한 결과를 제시하기는 어렵다. 게임 이용자 수가 늘어남에 따라 게임을 하기 전과 후의 변화를 한 개인 안에서 관찰하는 연구 방법 또한 난항을 겪고 있다. 게임 이용자 집단과 비이용자 집단을 비교하는 대부분의 연구 형태는 게임과 인지 기능의 인과 관계가 아닌 상관 관계 수준에서의 결과만 제공할 뿐이다.

마지막으로, '게임을 하면 머리가 나빠질까, 좋아질까?', '좋은 게임이란 무엇인가?' 또는 몇 가지 유사한 질문이 『게임하는 뇌』를 읽게 된 동기일 것이라 생각한다. 그에 대한 답으로 우리는 이용자가 주체적으로 하는 게임 플레이를 강조하고 싶다. 게임을 하면 '똑똑해진다', '머리가 나빠진다', '호전적인 사람이 된다'와 같이 일반화를 하기는 어렵다. 그러나 초기 인식과 달리 게임이 제공하는 인지적 이점에 대한 연구의 수가 점차 증가하고 있다는 점에 주목할 필요가 있다. 실제로 우리가 살펴본 대부분의 연구는 게임과 인지 기능의 긍정적인 관계에 집중하고 있었다. 게임에 대한 객관적인 시선을 바탕으로 게임 안에서 대인 간의 상호 작용, 인지 건강 유지, 스트레스 해소, 자기 통제력 발달이 학습될 수 있도록 관심을 기울이고, 유익한 게임 생활과 건강한 일상을 주체적으로 영위해 나가기를 바란다. 더불어 게임 플레이를 양지에서 지도해 나가는 사회적 분위기가 필요하다는 것을 다시 한번 강조하고 싶다.

이 책의 독자와 수많은 연구자, 정책 집행자의 충분한 관심을 통해 게임에 대한 논의가 이분법으로 인해 두 진영의 편 가르기로 전락해 버리지 않고 건설적인 게임 플레이 환경과 지침을 구축하는 데 집중되기를 기대한다.

에필로그

사실 학술적인 목표 없이 해외의 유수 연구 결과를 찾아볼 일은 거의 없을 것이다. 따라서 관련 분야에 대한 질문을 품고 있는 일반 독자에게 이 책이 너무 어렵지도, 그러나 너무 쉽지도 않게 길라잡이 역할을 할 수 있기 바라는 동시에 독자의 호기심을 한 차원 더 끌어올리는 기회가 되기를 소망한다.

참고 문헌

2 인지 회복 ㅣ 게임이 치매를 막을 수 있을까

[1] 이정모 (2009). 인지과학 (학문간 융합의 원리와 응용). 서울: 성균관대학교출판부

[2] 류성일, 박선주 (2010). 사회통계학적, 장르적 분류에 따른 온라인 게임의 이용 특성에 관한 연구. 한국게임학회 논문지, 10(3), 61-71

[3] 전경란 (2005). 컴퓨터 게임의 장르 요인 및 특징에 관한 연구. 게임산업저널, 10

[4] 한국콘텐츠진흥원 (2009). 대한민국 게임백서. 서울: 한국콘텐츠진흥원

[5] PUBG. 게임 소개 [웹사이트]. (2019.4.12). URL: http://guide.pubg.game.daum. net/?page_id=22

[6] Alvarez, J. A., & Emory, E. (2006). Executive Function and the Frontal Lobes: A Meta-Analytic Review. *Neuropsychology Review, 16*(1), 17-42. doi:10.1007/s11065-006-9002-x

[7] Anderson-Hanley, C., Arciero, P. J., Barcelos, N., Nimon, J., Rocha, T., Thurin, M., & Maloney, M. (2014). Executive function and self-regulated exergaming adherence among older adults. *Frontiers in Human Neuroscience*, 8.

[8] Anderson-Hanley, C., Arciero, P. J., Brickman, A. M., Nimon, J. P., Okuma, N., Westen., S. C., Merz, M. E., Pence, B. D., Woods, J. A., Kramer, A. F., & Zimmerman, E. A. (2012). Exergaming and Older Adult Cognition: A Cluster Randomized Clinical Trial. *American Journal of Preventive Medicine*. 42(2). 109-119

[9] Anderson-Hanley, C., Maloney, M., Barcelos, N., Striegnitz, K., & Kramer, A. (2017). Neuropsychological Benefits of Neuro-Exergaming for Older Adults: A Pilot Study of an Interactive Physical and Cognitive Exercise System (iPACES). *Journal of Aging and*

Physical Activity, 25(1), 73–83.

[10] Anderson-Hanley, C., Stark, J., Wall, K. M., Vanbrakle, M., Michel, M., Maloney, M., Barcelos, N., Striegnitz, K., Cohen, B. D., & Kramer, A. F. (2018). The interactive Physical and Cognitive Exercise System (iPACESTM): Effects of a 3-month in-home pilot clinical trial for mild cognitive impairment and caregivers. *Clinical Interventions in Aging*, Volume 13, 1565–1577.

[11] Anderson-Hanley, C., Tureck, & Schneiderman. (2011). Autism and exergaming: Effects on repetitive behaviors and cognition. *Psychology Research and Behavior Management*, 129. doi:10.2147/prbm.s24016

[12] Banich, M. T., & Compton, R. J. (2011). Cognitive neuroscience. Belmont, Californien: Wadsworth.

[13] Barcelos, N., Shah, N., Cohen, K., Hogan, M. J., Mulkerrin, E., Arciero, P. J., Cohen, B. D., Kramer, A. F., & Anderson-Hanley, C. (2015). Aerobic and Cognitive Exercise (ACE) Pilot Study for Older Adults: Executive Function Improves with Cognitive Challenge While Exergaming. *Journal of the International Neuropsychological Society*, 21(10), 768–779.

[14] Basak, C., Boot, W. R., Voss, M. W., & Kramer, A. F. (2008). Can training in a real-time strategy video game attenuate cognitive decline in older adults? *Psychology and Aging*, 23(4), 765–777. doi:10.1037/a0013494

[15] Benzing, V., Heinks, T., Eggenberger, N., & Schmidt, M. (2016). Acute Cognitively Engaging Exergame–Based Physical Activity Enhances Executive Functions in Adolescents. *Plos One*, 11(12). doi:10.1371/journal.pone.0167501

[16] Benzing, V., & Schmidt, M. (2017). Cognitively and physically demanding exergaming to improve executive functions of children with attention deficit hyperactivity disorder: a randomised clinical trial. *BMC Pediatrics*, 17(1). doi: 10.1186/s12887-016-0757-9

[17] Besombes, N., & Maillot, P. (2020). Body involvement in video gaming as a support for physical and cognitive learning. *Games and Culture*, 15(5), 565–584.

[18] Best, J. R. (2012). Exergaming immediately enhances children's executive function. *Developmental Psychology*, 48(5), 1501–1510. doi: 10.1037/a0026648

[19] Bialystok, E. (2017). The bilingual adaptation: How minds accommodate experience. *Psychological Bulletin*, 143(3), 233-262.

[20] Bleakly, C. M., Charles, D., Porter-Armstrong, A., McNeill, M. D., McDonough, S. M., McCormack, B. (2015). Gaming for health: a systematic review of the physical and cognitive effects of interactive computer games in older adults. *J App Jerontol*. 34(3). 166-189.

[21] Brown, A. D., Mcmorris, C. A., Longman, R. S., Leigh, R., Hill, M. D., Friedenreich, C. M., & Poulin, M. J. (2010). Effects of cardiorespiratory fitness and cerebral blood flow on cognitive outcomes in older women. *Neurobiology of Aging*, 31(12), 2047-2057.

[22] Buelow, M. T., Okdie, B. M., & Cooper, A. B. (2015). The influence of video games on executive functions in college students. *Computers in Human Behavior, 45*, 228-234. doi:10.1016/j.chb.2014.12.029

[23] Boot, W. R., Kramer, A. F., Simons, D. J., Fabiani, M., & Gratton, G. (2008). The effects of video game playing on attention, memory, and executive control. Acta Psychologica, 129(3), 387-398. doi:10.1016/j.actpsy.2008.09.005

[24] Cain, M. S., Landau, A. N., & Shimamura, A. P. (2012). Action video game experience reduces the cost of switching tasks. *Attention, Perception, & Psychophysics, 74*(4), 641-647. doi:10.3758/s13414-012-0284-1

[25] Chao, Y. Y., Scherer, Y. K., & Montgomery, C. A. (2015). Effects of using Nintendo Wii™ exergames in older adults: a review of the literature. *Journal of aging and health, 27*(3), 379-402.

[26] Colzato, L. S., Wery P. M. Van Den Wildenberg, Zmigrod, S., & Hommel, B. (2012). Action video gaming and cognitive control: Playing first person shooter games is associated with improvement in working memory but not action inhibition. *Psychological Research, 77*(2), 234-239. doi:10.1007/s00426-012-0415-2

[27] Colzato, L. S., Wery P. M. Van Den Wildenberg, & Hommel, B. (2013). Cognitive control and the COMT Val158Met polymorphism: Genetic modulation of videogame training and transfer to task-switching efficiency. *Psychological Research*. doi:10.1007/s00426-013-0514-8

[28] Cujzek, M., & Vranic, A. (2016). Computerized tabletop games as a form of a video

game training for old-old. Aging, *Neuropsychology, and Cognition, 24*(6), 631-648. doi: 10.1080/13825585.2016.1246649

[29] Dobrowolski, P., Hanusz, K., Sobczyk, B., Skorko, M., & Wiatrow, A. (2015). Cognitive enhancement in video game players: The role of video game genre. *Computers in Human Behavior, 44*, 59-63. doi:10.1016/j.chb.2014.11.051

[30] Diamond, A. (2012). Activities and programs that improve children's executive functions. Current directions in psychological science, 21(5), 335-341.

[31] Diamond, A. (2013). Executive functions. Annual review of psychology, 64, 135-168.

[32] Dupuy, O., Bosquet, L., Fraser, S. A., Labelle, V., & Bherer, L. (2018). Higher cardiovascular fitness level is associated to better cognitive dual-task performance in Master Athletes: Mediation by cardiac autonomic control. *Brain and Cognition*, 125, 127-134.

[33] Eggenberger, P., Schumacher, V., Angst, M., Theill, N., & Bruin, E. D. (2015). Does multicomponent physical exercise with simultaneous cognitive training boost cognitive performance in older adults? A 6-month rando- mized controlled trial with a 1-year follow-up. *Clinical Interventions in Aging.* 2015(10), 1335-1349

[34] Eggenberger, P., Wolf, M., Schumann, M., & Bruin, E. D. (2016). Exergame and Balance Training Modulate Prefrontal Brain Activity during Walking and Enhance Executive Function in Older Adults. *Frontiers in Aging Neuroscience*, 8.

[35] Erickson, K. I., Voss, M. W., Prakash, R. S., Basak, C., Szabo, A., Chaddock, L., Kim, J. S., Heo, S., Alves, H., Siobhan M. White, S. M., Wojcicki, T. R., Mailey, E., Vieira, V. J., Martin, S. A., Pence, B. D., Woods, J. A., McAuley, E., & Kramer, A. F. (2011). Exercise training increases size of hippocampus and improves memory. *PNAS.* 108(7), 3017-3022

[36] Eskes, G. A., Longman, S., Brown, A. D., McMorris, C. A., Langdon, K. D., Hogan, D. B., Poulin, M. (2010). Contribution of physical fitness, cerebrovascular reserve and cognitive stimulation to cognitive function in post-menopausal women. *Front Aging Neurosci.* 2(137).

[37] Flynn, R. M., & Colon, N. (2016). Solitary Active Videogame Play Improves Executive Functioning More Than Collaborative Play for Children with Special Needs.

Games for Health Journal, 5(6), 398–404. doi:10.1089/g4h.2016.0053

[38] Flynn, R. M., Richert, R. A. (2018). Cognitive, not physical, engagement in video gaming influences executive functioning. *Journal of Cognition and Development*, 728–742. doi:10.1038/npp.2017.213

[39] Garcia, J. A., Schoene, D., Lord, S. R., Delbaere, K., Valenzuela, T., & Navarro, K. F. (2016). A Bespoke Kinect Stepping Exergame for Improving Physical and Cognitive Function in Older People: A Pilot Study. *Games for Health Journal*, 5(6), 382–388.

[40] Gschwind, Y. J., Schoene, D., Lord, S. R., Ejupi, A., Valenzuela, T., Aal, K., Woodbury, A., & Delbaere, K. (2015). The effect of sensor-based exercise at home on functional performance associated with fall risk in older people – a comparison of two exergame interventions. *European Review of Aging and Physical Activity*, 12(1).

[41] Green, C., & Bavelier, D. (2007). Action-Video-Game Experience Alters the Spatial Resolution of Vision. Psychological Science, 18(1), 88–94. doi:10.1111/j.1467-9280.2007.01853.x

[42] Guimarães A.V., Barbosa A.R., Meneghini V. (2018). Active videogame-based physical activity vs. Aerobic exercise and cognitive performance in older adults: A randomized controlled trial. Journal of Physical Education and Sport, 18(1), 203–209. doi:10.7752/jpes.2018.01026

[43] Guimaraes, A.V., Rocha, S.V., & Barbosa, A.R. (2014). Exercise and cognitive performance in older adults: a systematic review. *Medicina (Ribeir Preto), 47(4):377–386.*

[44] Hartanto, A., Toh, W. X., & Yang, H. (2016). Age matters: The effect of onset age of video game play on task-switching abilities. *Attention, Perception, & Psychophysics, 78*(4), 1125–1136. doi:10.3758/s13414-016-1068-9

[45] Holfeld, B., Cicha, R. J., & Ferraro, F. R. (2014). Executive Function and Action Gaming among College Students. *Current Psychology, 34*(2), 376–388. doi:10.1007/s12144-014-9263-0

[46] Howes, S. C., Charles, D. K., Marley, J., Pedlow, K., & Mcdonough, S. M. (2017). Gaming for Health: Systematic Review and Meta-analysis of the Physical and Cognitive Effects of Active Computer Gaming in Older Adults. *Physical Therapy*, 97(12), 1122–

1137.

[47] Hsieh, C., Lin, P., Hsu, W., Wang, J., Huang, Y., Lim, A., & Hsu, Y. (2018). The Effectiveness of a Virtual Reality-Based Tai Chi Exercise on Cognitive and Physical Function in Older Adults with Cognitive Impairment. *Dementia and Geriatric Cognitive Disorders, 46*(5-6), 358-370.

[48] Huang, V., Young, M., & Fiocco, A. J. (2017). The Association Between Video Game Play and Cognitive Function: Does Gaming Platform Matter? *Cyberpsychology, Behavior, and Social Networking, 20*(11), 689-694. doi:10.1089/cyber.2017.0241

[49] Hughes, T. F., Flatt, J. D., Fu, B., Butters, M. A., Chang, C. H., & Ganguli, M. (2014). Interactive video gaming compared with health education in older adults with mild cognitive impairment: A feasibility study. *International Journal of Geriatric Psychiatry, 29*(9), 890-898.

[50] Hutchinson, C. V., Barrett, D. J., Nitka, A., & Raynes, K. (2015). Action video game training reduces the Simon Effect. *Psychonomic Bulletin & Review, 23*(2), 587-592. doi:10.3758/s13423-015-0912-6

[51] Jacobs, R., Anderson, V., & Anderson, P. J. (2014). Executive functions and the frontal lobes: A lifespan perspective. New York: Taylor & Francis.

[52] Kable, J. W., Caulfield, M. K., Falcone, M., Mcconnell, M., Bernardo, L., Parthasarathi, T., ⋯ Lerman, C. (2017). No Effect of Commercial Cognitive Training on Brain Activity, Choice Behavior, or Cognitive Performance. *The Journal of Neuroscience, 37*(31), 7390-7402. doi:10.1523/jneurosci.2832-16.2017

[53] Karle, J. W., Watter, S., & Shedden, J. M. (2010). Task switching in video game players: Benefits of selective attention but not resistance to proactive interference. *Acta Psychologica, 134*(1), 70-78. doi:10.1016/j.actpsy.2009.12.007

[54] Kühn, S., Berna, F., Lüdtke, T., Gallinat, J., & Moritz, S. (2018). Fighting depression: action video game play may reduce rumination and increase subjective and objective cognition in depressed patients. *Frontiers in psychology, 9*, 129.

[55] Lehto, J. E., Juujärvi, P., Kooistra, L., & Pulkkinen, L. (2003). Dimensions of executive functioning: Evidence from children. British Journal of Developmental Psychology, 21(1), 59-80.

[56] Liu, Q., Zhu, X., Ziegler, A., & Shi, J. (2015). The effects of inhibitory control training for preschoolers on reasoning ability and neural activity. *Scientific Reports, 5*(1). doi:10.1038/srep14200

[57] Maillot, P., Perrot, A., & Hartley, A. (2012). Effects of interactive physical-activity video-game training on physical and cognitive function in older adults. *Psychology and Aging, 27*(3), 589-600.

[58] M., A.-G., G., M., & A., E. J. (2014). Positive relationship between duration of action video game play and visuospatial executive function in children. *2014 IEEE 3nd International Conference on Serious Games and Applications for Health (SeGAH)*. doi: 10.1109/segah.2014.7067090

[59] Miyake, A., Friedman, N. P., Emerson, M. J., Witzki, A. H., Howerter, A., & Wager, T. D. (2000). The Unity and Diversity of Executive Functions and Their Contributions to Complex "Frontal Lobe" Tasks: A Latent Variable Analysis. *Cognitive Psychology, 41*(1), 49-100. doi:10.1006/cogp.1999.0734

[60] Monteiro-Junior, R. S., Figueiredo, L. F., Maciel-Pinheiro, P. D., Abud, E. L., Braga, A. E., Barca, M. L., ⋯ Laks, J. (2016). Acute effects of exergames on cognitive function of institutionalized older persons: A single-blinded, randomized and controlled pilot study. *Aging Clinical and Experimental Research, 29*(3), 387-394. doi:10.1007/s40520-016-0595-5

[61] Oei, A. C., & Patterson, M. D. (2014). Playing a puzzle video game with changing requirements improves executive functions. *Computers in Human Behavior, 37*, 216-228. doi:10.1016/j.chb.2014.04.046

[62] O'Leary, K. C., Pontifex, M. B., Scudder, M. R., Brown, M. L., & Hillman, C. H. (2011). The effects of single bouts of aerobic exercise, exergaming, and videogame play on cognitive control. *Clinical Neurophysiology, 122*(8), 1518-1525.

[63] Ordnung, M., Hoff, M., Kaminski, E., Villringer, A., & Ragert, P. (2017). No Overt Effects of a 6-Week Exergame Training on Sensorimotor and Cognitive Function in Older Adults. A Preliminary Investigation. *Frontiers in Human Neuroscience, 11*. doi:10.3389/fnhum.2017.00160

[64] Padala, K. P., Padala, P. R., Lensing, S. Y., Dennis, R. A., Bopp, M. M., Parkes, C.

참고 문헌

M., Garrison, M. K., Dubbert, P. M., Roberson, P. K., & Sullivan, D. H. (2017). Efficacy of Wii-Fit on Static and Dynamic Balance in Community Dwelling Older Veterans: A Randomized Controlled Pilot Trial. *Journal of Aging Research*, 2017, 1-9.

[65] Park J.-H., Park J.-H. (2018). Does Cognition-Specific Computer Training Have Better Clinical Outcomes than Non-Specific Computer Training? A Single-Blind, Randomized Controlled Trial. *Clinical Rehabilitation*, 32(2), 213-222. doi:10.1177/0269215517719951

[66] Peretz, C., Korczyn, A. D., Shatil, E., Aharonson, V., Birnboim, S., & Giladi, N. (2011). Computer-Based, Personalized Cognitive Training versus Classical Computer Games: A Randomized Double-Blind Prospective Trial of Cognitive Stimulation. *Neuroepidemiology*, 36(2), 91-99. doi:10.1159/000323950

[67] Pompeu, J. E., Mendes, F. A., Silva, K. G., Lobo, A. M., Oliveira, T. D., Zomignani, A. P., & Piemonte, M. E. (2012). Effect of Nintendo Wii™-based motor and cognitive training on activities of daily living in patients with Parkinsons disease: A randomised clinical trial. *Physiotherapy*, 98(3), 196-204. doi:10.1016/j.physio.2012.06.004

[68] Rozental-Iluz C., Zeilig G., Weingarden H., Rand D. (2016). Improving executive function deficits by playing interactive video-games: Secondary analysis of a randomized controlled trial for individuals with chronic stroke. *European Journal of Physical and Rehabilitation Medicine*, 52(4), 508-515

[69] Santen, J. V., Dröes, R., Bosmans, J. E., Henkemans, O. A., Bommel, S. V., Hakvoort, E., Valk, R., Scholten, C., Wiersinga, J., van Straten, A., & Meiland, F. (2019). The (cost-) effectiveness of exergaming in people living with dementia and their informal caregivers: Protocol for a randomized controlled trial. *BMC Geriatrics*, 19(1).

[70] Schättin, A., Arner, R., Gennaro, F., & Bruin, E. D. (2016). Adaptations of Prefrontal Brain Activity, Executive Functions, and Gait in Healthy Elderly Following Exergame and Balance Training: A Randomized-Controlled Study. *Frontiers in Aging Neuroscience*, 8. doi:10.3389/fnagi.2016.00278

[71] Schoene, D., Valenzuela, T., Toson, B., Delbaere, K., Severino, C., Garcia, J., Davies, T. A., Russell, F., Smith, S. T., & Lord, S. R. (2015). Interactive Cognitive-Motor Step Training Improves Cognitive Risk Factors of Falling in Older Adults - A Randomized

Controlled Trial. *Plos One*, 10(12).

[72] Shimizu, N., Umemura, T., Matsunaga, M., & Hirai, T. (2017). An interactive sports video game as an intervention for rehabilitation of community-living patients with schizophrenia: A controlled, single-blind, crossover study. *Plos One*, *12*(11). doi:10.1371/journal.pone.0187480

[73] Staiano, A. E., Abraham, A. A., & Calvert, S. L. (2012). Competitive versus cooperative exergame play for African American adolescents executive function skills: Short-term effects in a long-term training intervention. *Developmental Psychology*, *48*(2), 337-342. doi:10.1037/a0026938

[74] Steenbergen, L., Sellaro, R., Stock, A., Beste, C., & Colzato, L. S. (2015). Action Video Gaming and Cognitive Control: Playing First Person Shooter Games Is Associated with Improved Action Cascading but Not Inhibition. *Plos One*, *10*(12). doi:10.1371/journal.pone.0144364

[75] Strobach, T., Frensch, P. A., & Schubert, T. (2012). Video game practice optimizes executive control skills in dual-task and task switching situations. *Acta Psychologica*, *140*(1), 13-24. doi:10.1016/j.actpsy.2012.02.001

[76] Tarumi, T., Khan, M. A., Liu, J., Tseng, B. M., Parker, R., Riley, J., ... & Zhang, R. (2014). Cerebral hemodynamics in normal aging: central artery stiffness, wave reflection, and pressure pulsatility. Journal of Cerebral Blood Flow & Metabolism, 34(6), 971-978.

[77] Tiego J, Testa R, Bellgrove MA, Pantelis C and Whittle S (2018) A Hierarchical Model of Inhibitory Control. *Frontiers in Psychology*, 9:1339. doi: 10.3389/fpsyg.2018.01339

[78] Välimäki, M., Mishina, K., Kaakinen, J. K., Holm, S. K., Vahlo, J., Kirjonen, M., ⋯ Koponen, A. (2018). Digital Gaming for Improving the Functioning of People With Traumatic Brain Injury: Randomized Clinical Feasibility Study. *Journal of Medical Internet Research*, *20*(3). doi:10.2196/jmir.7618

[79] Wang, P., Zhu, X., Liu, H., Zhang, Y., Hu, Y., Li, H., & Zuo, X. (2017). Age-Related Cognitive Effects of Videogame Playing Across the Adult Life span. *Games for Health Journal*, *6*(4), 237-248. doi:10.1089/g4h.2017.

[80] Wang, P., Zhu, X., Qi, Z., Huang, S., & Li, H. (2017). Neural Basis of Enhanced

Executive Function in Older Video Game Players: An fMRI Study. *Frontiers in Aging Neuroscience, 9.*

[81] Werner, C., Rosner, R., Wiloth, S., Lemke, N. C., Bauer, J. M., & Hauer, K. (2018). Time course of changes in motor-cognitive exergame performances during task-specific training in patients with dementia: Identification and predictors of early training response. *Journal of Neuro-Engineering and Rehabilitation*, 15(1).

[82] Wiloth, S., Werner, C., Lemke, N. C., Bauer, J., & Hauer, K. (2017). Motor-cognitive effects of a computerized game-based training method in people with dementia: A randomized controlled trial. *Aging & Mental Health*, 22(9), 1130-11

3 공격성 | 게임은 컨트롤러인가, 칼인가

[1] 김건호. (2018.12.14). 온라인 게임 세상의 씁쓸한 자화상... '현피의 이면'. 세계일보. Retrieved from http://www.segye.com/newsView/20181214004019?OutUrl=naver. http://www.segye.com/newsView/20181214004019?OutUrl=naver에서 검색

[2] 이수정, 최신 범죄심리학(2010), 학지사

[3] Anthony Storr, Human Aggression(1968),

[4] Allen, J. J., Anderson, C. A., & Bushman, B. J. (2018). The General Aggression Model. Current Opinion in Psychology, 19, 75-80.

[5] Anderson, C. A., & Dill, K. E. (2000). Video games and aggressive thoughts, feelings, and behavior in the laboratory and in life. Journal of personality and social psychology, 78(4), 772.

[6] Anderson, C. A., Shibuya, A., Ihori, N., Swing, E. L., Bushman, B. J., Sakamoto, A., ... & Saleem, M. (2010). Violent video game effects on aggression, empathy, and prosocial behavior in Eastern and Western countries: A meta-analytic review. Psychological bulletin, 136(2), 151.

[7] Chester, D. S. (2017). The role of positive affect in aggression. *Current Directions in Psychological Science, 26*(4), 366-370.

[8] Colin Barras(2018, 5). The controversial debut of genes in criminal cases. BBC

Future, 201805.

[9] Davis, M. H. (1983). Measuring individual differences in empathy: Evidence for a multidimensional approach. Journal of personality and social psychology, 44(1), 113.

[10] Ferguson, C. J., Rueda, S. M., Cruz, A. M., Ferguson, D. E., Fritz, S., & Smith, S. M. (2008). Violent video games and aggression: Causal relationship or byproduct of family violence and intrinsic violence motivation?. Criminal Justice and Behavior, 35(3), 311-332.

[11] Ferguson, C. J., San Miguel, C., Garza, A., & Jerabeck, J. M. (2012). A longitudinal test of video game violence influences on dating and aggression: A 3-year longitudinal study of adolescents. Journal of psychiatric research, 46(2), 141-146.

[12] Gentile, D. A., Swing, E. L., Anderson, C. A., Rinker, D., & Thomas, K. M. (2016). Differential neural recruitment during violent video game play in violent-and nonviolent-game players. Psychology of Popular Media Culture, 5(1), 39.

[13] Jerabeck, J. M., & Ferguson, C. J. (2013). The influence of solitary and cooperative violent video game play on aggressive and prosocial behavior. Computers in Human Behavior, 29(6), 2573-2578.

[14] Przybylski, A. K., & Weinstein, N. (2019). Violent video game engagement is not associated with adolescents' aggressive behaviour: evidence from a registered report. Royal Society open science, 6(2), 171474.

[15] Siyez, D. M., & Baran, B. (2017). Determining reactive and proactive aggression and empathy levels of middle school students regarding their video game preferences. Computers in Human Behavior, 72, 286-295.

[16] Stavropoulos, K. K., & Alba, L. A. (2018). "It's so cute I could crush it!": Understanding neural mechanisms of Cute Aggression. *Frontiers in behavioral neuroscience, 12,* 300.

[17] Szycik, G. R., Mohammadi, B., Münte, T. F., & Te Wildt, B. T. (2017). Lack of evidence that neural empathic responses are blunted in excessive users of violent video games: an fMRI study. Frontiers in psychology, 8, 174.

[18] Verheijen, G. P., Stoltz, S. E., van den Berg, Y. H., & Cillessen, A. H. (2019). The influence of competitive and cooperative video games on behavior during play and

friendship quality in adolescence. Computers in Human Behavior, 91, 297-304.

[19] Yamagishi, T., Jin, N., & Kiyonari, T. (1999). Bounded generalized reciprocity: Ingroup boasting and ingroup favoritism. Advances in group processes, 16(1), 161-197.

4 자기 통제력 | 게임하고도 서울대에 간 아이들

[1] Barkley, R. A. (1997). Behavioral inhibition, sustained attention, and executive functions: constructing a unifying theory of ADHD. Psychological bulletin, 121(1), 65.

[2] Barkley, R. A. (2011). Attention-deficit/hyperactivity disorder, self-regulation, and executive functioning.

[3] Baumeister, R. F., Bratslavsky, E., Muraven, M., & Tice, D. M. (1998). Ego depletion: Is the active self a limited resource? Journal of Personality and Social Psychology, 74(5), 1252.

[4] Beaver, K. M., Wright, J. P., & DeLisi, M. (2007). Self-control as an executive function: Reformulating Gottfredson and Hirschi's parental socialization thesis. Criminal Justice and Behavior, 34(10), 1345-1361.

[5] Bechara, A., Damasio, A. R., Damasio, H., & Anderson, S. W. (1994). Insensitivity to future consequences following damage to human prefrontal cortex. Cognition, 50, 1-3.

[6] Casey, B. J., Somerville, L. H., Gotlib, I. H., Ayduk, O., Franklin, N. T., Askren, M. K., ··· Shoda, Y. (2011). Behavioral and neural correlates of delay of gratification 40 years later. Proceedings of the National Academy of Sciences of the United States of America, 108(36), 14998-15003. doi:10.1073/pnas.1108561108

[7] Cauffman, E., Steinberg, L., & Piquero, A. R. (2005). Psychological, neuropsychological and physiological correlates of serious antisocial behavior in adolescence: The role of self-control. Criminology, 43(1), 133-176.

[8] Convit, A., Douyon, R., Yates, K. F., Smith, G., Czobor, P., de Asis, J., . . . Volavka, J. (1996). Frontotemporal abnormalities and violent behavior. Aggression and Violence: Genetics, Neurobiological, and Biosocial Perspectives, 169-194.

[9] Duckworth, A. L. (2011). The significance of self-control. Proceedings of the

National Academy of Sciences, 108(7), 2639-2640.

[10] Evans, G. W., & Rosenbaum, J. (2008). Self-regulation and the income-achievement gap. Early Childhood Research Quarterly, 23(4), 504-514.

[11] Gailliot, M. T., Plant, E. A., Butz, D. A., & Baumeister, R. F. (2007). Increasing self-regulatory strength can reduce the depleting effect of suppressing stereotypes. Personality and Social Psychology Bulletin, 33(2), 281-294.

[12] Gottfredson, M. R., & Hirschi, T. (1990). A general theory of crime: Stanford University Press.

[13] Hagger, M. S., Wood, C., Stiff, C., & Chatzisarantis, N. L. (2010). Ego depletion and the strength model of self-control: a meta-analysis. Psychological bulletin, 136(4), 495.

[14] Heatherton, T., & Tice, D. M. (1994). Losing control: How and why people fail at self-regulation: San Diego, CA: Academic Press, Inc.

[15] Ishikawa, S. S., & Raine, A. (2003). Prefrontal deficits and antisocial behavior: A causal model.

[16] Mischel, W., & Ebbesen, E. (1970). Attention in delay of gratification. Journal of Personality and Social Psychology, 16, 329-337.

[17] Mischel, W., Ebbesen, E. B., & Raskoff Zeiss, A. (1972). Cognitive and attentional mechanisms in delay of gratification. Journal of Personality and Social Psychology, 21(2), 204.

[18] Moffitt, T. E., Arseneault, L., Belsky, D., Dickson, N., Hancox, R. J., Harrington, H., ⋯ Ross, S. (2011). A gradient of childhood self-control predicts health, wealth, and public safety. Proceedings of the National Academy of Sciences, 108(7), 2693-2698.

[19] Muraven, M., Baumeister, R. F., & Tice, D. M. (1999). Longitudinal improvement of self-regulation through practice: Building self-control strength through repeated exercise. The Journal of social psychology, 139(4), 446-457.

[20] Oaten, M., & Cheng, K. (2007). Improvements in self-control from financial monitoring. Journal of Economic Psychology, 28(4), 487-501.

[21] Rachlin, H. (1974). Self-Control. Behaviorism, 2(1), 94-107. Retrieved from http://www.jstor.org/stable/27758811

[22] Shamosh, N. A., & Gray, J. R. (2007). The relation between fluid intelligence and

self-regulatory depletion. *Cognition and Emotion, 21*(8), 1833-1843.

[23] Shoda, Y., Mischel, W., & Peake, P. K. (1990). Predicting adolescent cognitive and self-regulatory competencies from preschool delay of gratification: Identifying diagnostic conditions. *Developmental psychology, 26*(6), 978.

[24] Tangney, J. P., Baumeister, R. F., & Boone, A. L. (2004). High self control predicts good adjustment, less pathology, better grades, and interpersonal success. *Journal of personality, 72*(2), 271-324.

[25] Watts, T. W., Duncan, G. J., & Quan, H. (2018). Revisiting the marshmallow test: A conceptual replication investigating links between early delay of gratification and later outcomes. *Psychological science, 29*(7), 1159-1177.

[26] Wills, T. A., & Dishion, T. J. (2004). Temperament and adolescent substance use: A transactional analysis of emerging self-control. *Journal of Clinical Child and Adolescent Psychology, 33*(1), 69-81.

5 사회성 | 게임으로 컨택트하라

[1] 고인석. (2008). 사이버 공동체에서 아바타의 존재론적 지위. 철학논총 53, 3-23.

[2] 금희조. (2014). 사회적 고립과 외로움. 양승찬 외, 디지털 사회와 커뮤니케이션 (pp. 187-218). 커뮤니케이션북스.

[3] 김지연, & 도영임. (2014). 부모 세대와 청소년 세대의 온라인 게임에 대한 인식 차이: 온라인 게임의 유해성/유익성, 영향과 가치, 부모-자녀 관계, 규제에 대한 인식을 중심으로. 한국심리학회지: 문화 및 사회 문제, 20(3), 263-280.

[4] 남기덕 외 공저 (2017). 사회심리학 (pp.225). 시그마프레스

[5] 박병진. (2019.3.16). 뉴질랜드 총격범, 게임으로 살인훈련?······연합뉴스 또 오역보도. News1뉴스. Retrieved from http://news1.kr/articles/?3572641

[6] Allen, J. J., Anderson, C. A., & Bushman, B. J. (2018). The General Aggression Model. *Current Opinion in Psychology, 19*, 75-80.

[7] Cole H. & Griffiths, M. D. (2007). Social Interactions in Massively Multiplayer Online Role-Playing Gamers. *CyberPsychology & Behavior* 10(4), 575-583.

[8] Collins, N. L. & Miller, L. C. (1994). Self-disclosure and liking: A meta-analytic review. *Psychological Bulletin* 116(3), 457-475.

[9] Ducheneaut, N. & Moore, R. J. (2005). More than just 'XP': learning social skills in massively multiplayer online games. *Interactive Technology and Smart Education* 2(2), 89-100.

[10] Ducheneaut, N., Yee, N., Nickell, E., & Moore, R. J. (2006). "Alone together?" Exploring the social dynamics of massively multiplayer online games. *Conference on Human Factors in Computing Systems - Proceedings* (March 2005), 407-416.

[11] Ducheneaut, N., Moore, R. J., & Nickell, E. (2007). Virtual "third places": A case study of sociability in massively multiplayer games. *Computer Supported Cooperative Work* 16(1-2), 129-166.

[12] Gresham, F. M. & Reschly D. J. (1987). Dimensions of social competence: Method factors in the assessment of adaptive behavior, social skills, and peer acceptance. *Journal of School Psychology* 25(4), 367-381.

[13] Jerabeck, J. M., & Ferguson, C. J. (2013). The influence of solitary and cooperative violent video game play on aggressive and prosocial behavior. *Computers in Human Behavior* 29(6), 2573-2578.

[14] Kowert R. & Oldmeadow, J. A. (2013). (A)Social reputation: Exploring the relationship between online video game involvement and social competence. *Computers in Human Behavior* 29(4), 1872-1878.

[15] Kowert, R., & Oldmeadow, J. A. (2015). Playing for social comfort: Online video game play as a social accommodator for the insecurely attached. *Computers in Human Behavior* 53, 556-566.

[16] Kowert, R., Vogelgesang, J., Festl R., & Quandt, T. (2015). Psychosocial causes and consequences of online video game play. *Computers in Human Behavior* 45, 51-58.

[17] Lemmens, J., Valkenburg P. & Peter, J. (2011) Psychological causes and consequences of pathological gaming. *Computers in Human Behavior* 27(1), 144-152.

[18] Lo, S. K., Wang, C. C., & Fang, W. (2005). Physical interpersonal relationships and social anxiety among online game players. *Cyberpsychology & behavior* 8(1), 15-20.

[19] Meng, J., Williams, D., & Shen, C. (2015). Channels matter: Multimodal

connectedness, types of co-players and social capital for Multiplayer Online Battle Arena gamers. *Computers in Human Behavior* 52, 190-199.

[20] Oldenberg, R. (1991). *The great good place*. New York, Marlowe & Company.

[21] Przybylski, A. K., Weinstein N., & Nurayama, K. (2017). Internet gaming disorder: Investigating the clinical relevance of a new phenomenon. *American Journal of Psychiatry* 174(3), 230-235.

[22] Putnam, R.D. (1988) Bowling alone: *The collapse and revival of American community*. Simon and schuster.

[23] Semrud-Clikeman, M. (2007) *Social competence in children* (pp.1-9). New York, NY: Springer Science+Business Media.

[24] Shen, C., & Williams, D. (2011). Unpacking time online: Connecting internet and massively multiplayer online game use with psychosocial well-being. *Communication Research* 38(1), 123-149.

[25] Shen, C. (2014). Network patterns and social architecture in Massively Multiplayer Online Games: Mapping the social world of EverQuest II. *New Media and Society* 16(4), 672-691.

[26] Steinkuehler, C. A. & Williams, D. (2006). Where everybody knows your (screen) name: Online games as "third places. *Journal of Computer-Mediated Communication* 11(4), 885-909.

[27] Suler, J. (2004). The Online Disinhibition Effect. *CyberPsychology & Behavior* 7(3), 321-326.

[28] Thier, David (2008-03-20). "World of Warcraft Shines Light on Terror Tactics". Wired.com. Retrieved from https://www.wired.com/2008/03/wow-terror/

[29] Thorndike, E. L. (1920). Intelligence and its uses. *Harper's Magazine*. 140, 227-235. [3] Putnam, R. D. (2000).

[30] Trepte, S., Reinecke, L., & Juechems, K. (2012). The social side of gaming: How playing online computer games creates online and offline social support. *Computers in Human Behavior* 28(3), 832-839.

[31] Valkenburg, P. M. & Peter, J. (2007). Online Communication and Adolescent Well-Being: Testing the Stimulation Versus the Displacement Hypothesis. *Journal of*

Computer-Mediated Communication 12(4), 1169-1182.

[32] Williams, D. (2006). Groups and Goblins: The Social and Civic Impact of an Online Game. *Journal of Broadcasting & Electronic Media* 50(4), 651-670.

[33] Williams, D. (2006). On and Off the 'Net: Scales for Social Capital in an Online Era. *Journal of Computer–Mediated Communication* 11(2), 593-628.

[34] Williams, D. (2018). For Better or Worse: Game Structure and Mechanics Driving Social Interactions and Isolation. In C. J. Ferguson (Eds.), *Video Game Influences on Aggression, Cognition, and Attention* (pp.173-183). Springer.

[35] Zhang, F., & Kaufman, D. (2015). The impacts of social interactions in MMORPGs on older adults' social capital. *Computers in Human Behavior* 51, 495-503.

[36] Zhang, F., & Kaufman, D. (2017). Massively Multiplayer Online Role-Playing Games (MMORPGs) and Socio-Emotional Wellbeing. *Computers in Human Behavior* 73, 451-458.

게임하는 뇌

초판 1쇄 발행 2021년 8월 31일
초판 4쇄 발행 2023년 4월 24일

지은이 이경민 정다희 최예슬 주혜연 신민정 장민하
펴낸이 안지선

책임편집 이미선
디자인 석윤이
교정 신정진
마케팅 최지연 이유리 홍윤정 김현지
제작 투자 타인의취향
제작처 상식문화

펴낸곳 (주)몽스북
출판등록 2018년 10월 22일 제2018-000212호
주소 서울시 강남구 학동로4길15 724
이메일 monsbook33@gmail.com
전화 070-8881-1741
팩스 02-6919-9058

ISBN 979-11-91401-06-6 03400

mons (주)몽스북은 생활 철학,
미식, 환경, 디자인, 리빙 등 일상의 의미
와 라이프스타일의 가치를 담은 창작물
을 소개합니다.